基于风貌保护原则的布依族民居宜居性提升研究与方案设计

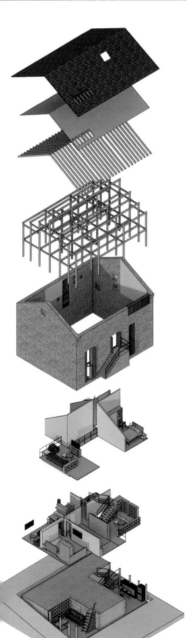

祭神祭祖

布依族蜡染艺术展

节日聚餐

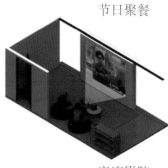

家庭影院

测试点（下同）

对照组:
室外阴天光照度:11.06klx
室内檐口下方:40.3lx
采光系数:0.36%

对照组 南侧天窗————北侧天窗

U0250011

北京交通大学建筑与艺术学院改造

北京交通大学 连武越、朱清

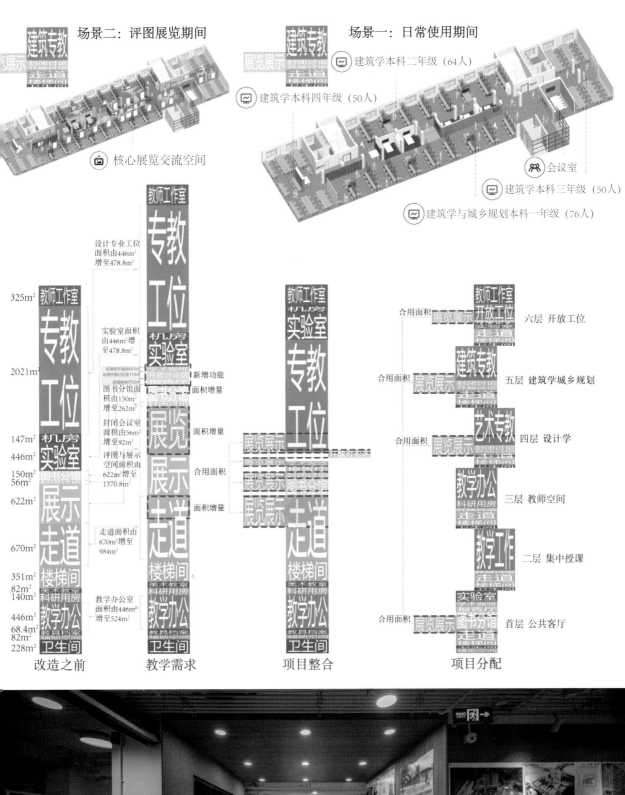

场景二：评图展览期间

场景一：日常使用期间

建筑学本科二年级（64人）

建筑学本科四年级（50人）

核心展览交流空间

会议室

建筑学本科三年级（50人）

建筑学与城乡规划本科一年级（76人）

设计专业工位面积由446m²增至478.8m²

325m²

实验室面积由446m²增至478.8m²

2021m²

新增功能

图书分馆面积由150m²增至262m²

面积增量

147m²

封闭会议室面积由56m²增至92m²

面积增量

446m²

评图与展示空间面积由622m²增至1370.8m²

合用面积

150m²
56m²

面积增量

622m²

走道面积由670m²增至984m²

670m²

351m²
82m²
140m²

教学办公室面积由446m²增至524m²

446m²
68.4m²
82m²
228m²

改造之前

教学需求

项目整合

六层 开放工位

合用面积

五层 建筑学城乡规划

合用面积

四层 设计学

合用面积

三层 教师空间

二层 集中授课

合用面积

首层 公共客厅

项目分配

严寒地区装配式小住宅围护结构热惰性组合策略研究与细部设计

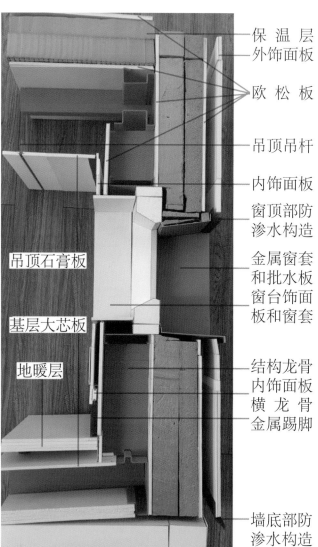

保温层
外饰面板

欧 松 板

吊顶吊杆

内饰面板

窗顶部防渗水构造

金属窗套和批水板
窗台饰面板和窗套

结构龙骨
内饰面板
横 龙 骨
金属踢脚

墙底部防渗水构造

吊顶石膏板

基层大芯板

地暖层

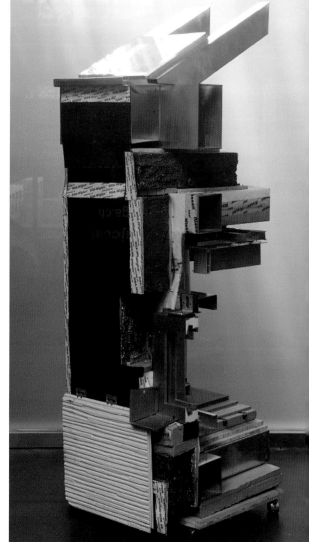

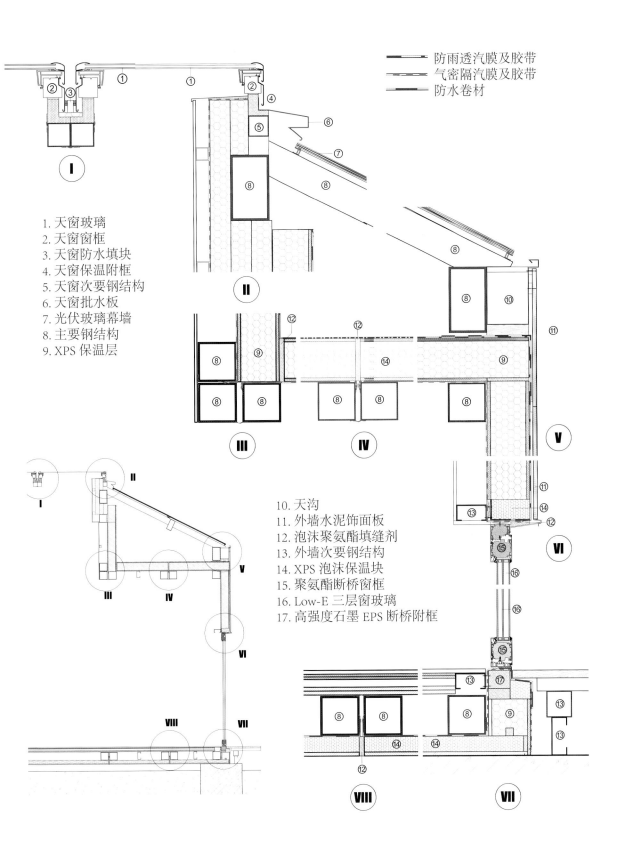

防雨透汽膜及胶带
气密隔汽膜及胶带
防水卷材

1. 天窗玻璃
2. 天窗窗框
3. 天窗防水填块
4. 天窗保温附框
5. 天窗次要钢结构
6. 天窗批水板
7. 光伏玻璃幕墙
8. 主要钢结构
9. XPS 保温层

10. 天沟
11. 外墙水泥饰面板
12. 泡沫聚氨酯填缝剂
13. 外墙次要钢结构
14. XPS 泡沫保温块
15. 聚氨酯断桥窗框
16. Low-E 三层窗玻璃
17. 高强度石墨 EPS 断桥附框

户外非正式教学空间改造

北京交通大学 郑新

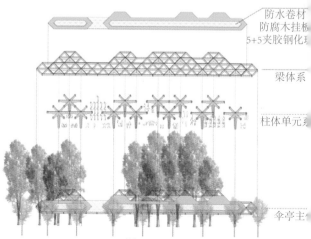

防水卷材
防腐木挂板
5+5夹胶钢化玻

梁体系

柱体单元系

伞亭主

基于环境、场地、空间与结构的原竹建筑设计与建造研究

清华大学建筑学院 孙煦

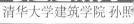

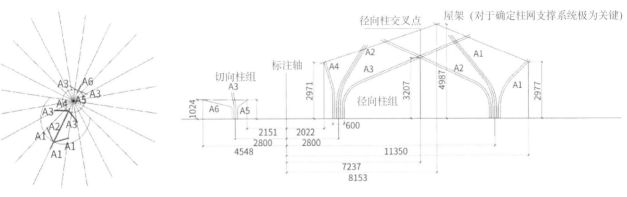

径向柱交叉点

屋架（对于确定柱网支撑系统极为关键）

标注轴

切向柱组

径向柱组

A1 A2 A3 A4 A5 A6

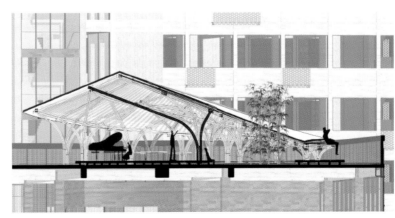

可移动校园创客空间

北京交通大学 引

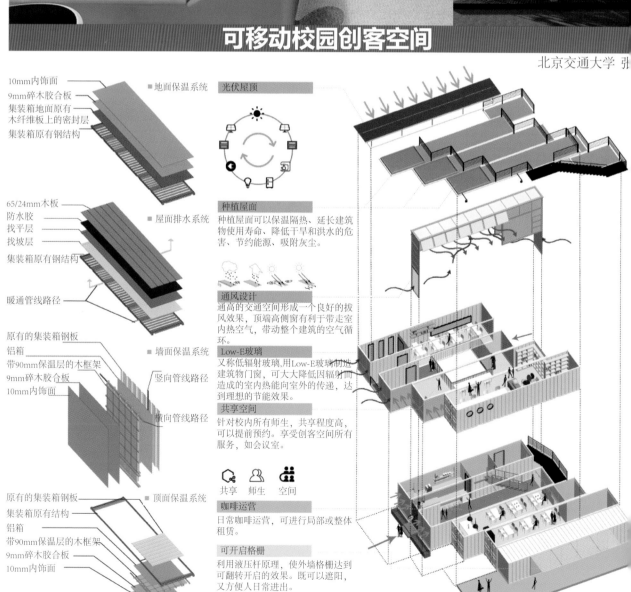

10mm内饰面
9mm碎木胶合板
集装箱地面原有
木纤维板上的密封层
集装箱原有钢结构

■ 地面保温系统

65/24mm木板
防水胶
找平层
找坡层
集装箱原有钢结构

暖通管线路径

■ 屋面排水系统

原有的集装箱钢板
铝箱
带90mm保温层的木框架
9mm碎木胶合板
10mm内饰面

■ 墙面保温系统

竖向管线路径

横向管线路径

原有的集装箱钢板
集装箱原有结构
铝箱
带90mm保温层的木框架
9mm碎木胶合板
10mm内饰面

■ 顶面保温系统

光伏屋顶

种植屋面

种植屋面可以保温隔热、延长建筑物使用寿命、降低干旱和洪水的危害、节约能源、吸附灰尘。

通风设计

通高的交通空间形成一个良好的拔风效果，顶端高侧窗有利于带走室内热空气，带动整个建筑的空气循环。

Low-E玻璃

又称低辐射玻璃，用Low-E玻璃制造建筑物门窗，可大大降低因辐射而造成的室内热能向室外的传递，达到理想的节能效果。

共享空间

针对校内所有师生，共享程度高，可以提前预约。享受创客空间所有服务，如会议室。

共享 师生 空间

咖啡运营

日常咖啡运营，可进行局部或整体租赁。

可开启格栅

利用液压杆原理，使外墙格栅达到可翻转开启的效果。既可以遮阳，又方便人日常进出。

高等学校建筑与设计类专业课程设计指南系列丛书

朱 陈 曾
　泳 忠
宁 全 忠

著

真实建造的毕业设计教学指南

A Guide to Architecture Graduation Project that Involves
Actual Construction

中国建筑工业出版社

图书在版编目（CIP）数据

真实建造的毕业设计教学指南 = A Guide to
Architecture Graduation Project that Involves
Actual Construction / 曾忠忠，陈泳全，朱宁著. —
北京：中国建筑工业出版社，2023.2
（高等学校建筑与设计类专业课程设计指南系列丛书）
ISBN 978-7-112-28324-8

Ⅰ.①真…　Ⅱ.①曾…②陈…③朱…　Ⅲ.①建筑学
—毕业设计-高等学校-教学参考资料　Ⅳ.①TU

中国版本图书馆CIP数据核字（2023）第023370号

为了更好地支持相应课程的教学，我们向采用本书作为教材的教师提供课件和
相关资源，有需要者可与出版社联系。
建工书院 https://edu.cabplink.com
邮箱：jckj@cabp.com.cn　电话：（010）58337285

责任编辑：王　惠　陈　桦
责任校对：董　楠

高等学校建筑与设计类专业课程设计指南系列丛书
真实建造的毕业设计教学指南
A Guide to Architecture Graduation Project that Involves Actual Construction
曾忠忠　陈泳全　朱　宁　著
*
中国建筑工业出版社出版、发行（北京海淀三里河路9号）
各地新华书店、建筑书店经销
北京雅盈中佳图文设计公司制版
建工社（河北）印刷有限公司印刷
*
开本：787毫米×1092毫米　1/16　印张：8½　插页：5　字数：129千字
2023年6月第一版　2023年6月第一次印刷
定价：**39.00**元（赠教师课件）
ISBN 978-7-112-28324-8
（40734）

序

随着建筑行业从粗放型的增量时代进入品质型的存量时代，对于建筑学专业学生的培养，各个建筑院校教学体系也发生着改变。在信息爆炸的时代，学生们知识面更加宽广，交流活动更加丰富，但是很多人却更加缺乏基本动手能力和专业实操能力。教师们也关注到在百花齐放的美丽图纸背后，学生们对真实建造中的设备、材料、工种知之甚少，也就难以将美丽图纸深化落地成为经济、适用、美观、绿色的建筑。这与未来成为"全过程服务"建筑师的基础能力要求相差较远。

诚然，在本科阶段就能参与真实落地的建筑项目非常难得，尤其是今天规范化的建筑行业，已经将学生时代的"私活"屏蔽在外了，客观上减少了学生时代参与实践的可能性。因此，作为建筑学专业教师，需要更多思考在某个阶段要以正规课程的形式，让学生有机会参与到面向真实建造的设计项目中。

本书作为有关毕业设计的教学指南，切中了设计课程面向真实建造人才培养的关键点。梁思成先生成立清华大学建筑系之初，就推崇现代主义建筑"设计与实施并重"的理念，在20世纪50年代清华的传统中有一句老话，叫"真刀真枪做毕业设计"，就是要利用一次综合设计的题目，提升学生面向真实工程项目的意识、能力、技术，考虑真实的投资、工厂、现场、人员等实际情况，在与复杂综合的资源条件协调过程中，还可以有效控制建筑方案的顺利实施。这种经历能够促使学生在他们宝贵的学习时代去反思设计，认识建筑设计成果作为信息传达载体的客观性，而不仅仅是图面上的促进个人概念深化的主观性。

本书通过北京交通大学建筑与艺术学院、清华大学建筑学院的6个毕业设计案例，阐述了面向真实建造的毕业设计教学的重要意义，也分析了促成该毕业设计教学的理论方法和实际资源配置方式，对于有志于指导学生"真刀真枪做毕业设计"的专业教师，有相当的借鉴意义。本书也适合即将走入行业与社会的高校学生阅读，能够奠定"设计与实施并重"的价值观。

宋晔皓

清华大学建筑学院建筑与技术研究所所长

清华大学建筑学院教授

清华大学建筑设计研究院副总建筑师

前言

　　毕业设计是本科阶段的最后一个教学环节，是学生学业、专业教学水平的一次总结和检验，其重要性不言而喻。对于以职业建筑师为培养目标的建筑学教育而言，通过毕业设计来检验学生走向职业道路的专业能力和素质是一种传统。在当前社会生活快速变化，建筑学专业边界不断拓展，建筑行业热点和职业前景不断转变的时代背景下，毕业设计的传统定位和重要性变得更加多元和更具挑战。

　　在现代大学学科制培养模式下，专业教育与行业的真实实践仍有相当的距离，五年的专业学习仅仅是片段式的模拟训练，而"真刀真枪"的专业实践往往在毕业后进入行业才逐渐开始。"真刀真枪做毕业设计"使毕业设计具有了专业检验性和拓展力。其核心就是面向真实工程项目，多专业合作设计与实地建造，现场施工技术指导或配合的过程，简言之就是面向真实建造。真实建造是建筑学专业的内在需求与核心价值，通过建造才能实现从抽象到具象的转化，实现文化、精神、智慧的物质转化，真实建造往往也是建筑师走向成熟的必经之路。

　　然而真实建造的教学在高校中并不容易开展，不仅有场地、工具、经费的限制，还有教学课时、教学安排的限制。即使五年的专业学习中包含了建筑师业务的实习环节，学生们也很少能接触深化设计直到建造阶段的内容。毕业设计是本科阶段时限最长的一个课程，具备开展面向真实建造教学的基本条件，正是基于这样的基本条件本书作者开展了面向真实建造的毕业设计教学实践。

　　教学实践面临的挑战不仅来自学生的兴趣和投入，还来自教师在实践经验、资源组织、过程把控的水平。如何确定合适的题目，如何将项目进程与教学过程对接，如何有效推动设计与建造的衔接都是教学过程面临的直接难题。本书基于对学生和老师不同角色内在需求和外在限制的研究分析，立足于学生专业能力、专业意识的培养，对面向真实建造的毕业设计教学方法和案例进行系统的梳理和呈现。面向真实建造的毕业设计教学并不拘泥于"材料—建造"这单一的传统教学模式，而是结合不同的题目重点，形成功能与建造、性能与建造、工艺与建造三个维度的教学导向，强调建造意识对设计过程和设计目标的导向作用。

对于建筑学专业教育而言"面向真实建造的毕业设计"是目标也是方法更是价值观，本书所呈现的内容仅是对此进行的粗浅尝试和思考，仍需要不断实践总结，更需要借此抛砖引玉得到业内专家学者的批评指正。

目录

第1章　对话毕业设计　　　　　　　　　　　　001
　1.1　引导学生的志趣选择　　　　　　　　　002
　1.2　支撑教师的实践与需求　　　　　　　　004
　1.3　反思人才的培养体系　　　　　　　　　005

第2章　基于"真实建造"理念的毕业设计　　009
　2.1　建筑学教育国际、国内发展趋势　　　　010
　2.2　毕业设计定位与目标　　　　　　　　　010
　2.3　国内外高校对于毕业设计的探索　　　　010
　2.4　毕业设计的困境与革新　　　　　　　　011
　2.5　"真实建造"的现实意义　　　　　　　014

第3章　功能导向真实建造的毕业设计　　　017
　3.1　教学框架　　　　　　　　　　　　　　018
　　3.1.1　教学目标　　　　　　　　　　　　018
　　3.1.2　教学重点　　　　　　　　　　　　018
　　3.1.3　教学环节　　　　　　　　　　　　019
　　3.1.4　实际建造与后期评估　　　　　　　019
　3.2　院馆改造　　　　　　　　　　　　　　020
　　3.2.1　题目设计　　　　　　　　　　　　020
　　3.2.2　策划研究　　　　　　　　　　　　021
　　3.2.3　功能布局（方案深化）　　　　　　024
　　3.2.4　部分技术图纸　　　　　　　　　　032
　　3.2.5　空间呈现（实施反馈，参见短视频文件1）　034
　　3.2.6　教学总结　　　　　　　　　　　　037
　3.3　传统民居更新改造　　　　　　　　　　039
　　3.3.1　题目设计　　　　　　　　　　　　039
　　3.3.2　策划研究　　　　　　　　　　　　042
　　3.3.3　建筑改造方案设计　　　　　　　　045
　　3.3.4　宜居住宅性能提升研究与设计　　　050
　　3.3.5　教学总结　　　　　　　　　　　　053

第4章 性能导向真实建造的毕业设计　055

　　4.1　教学框架　056

　　　　4.1.1　教学目标　056

　　　　4.1.2　教学重点　056

　　　　4.1.3　教学环节　056

　　4.2　创客空间　058

　　　　4.2.1　题目设计　058

　　　　4.2.2　策划研究　059

　　　　4.2.3　方案设计　062

　　　　4.2.4　深化设计与建造　062

　　　　4.2.5　教学总结　073

　　4.3　草原方舟　074

　　　　4.3.1　题目设计　074

　　　　4.3.2　围护结构关键部位性能研究　077

　　　　4.3.3　围护结构热工性能构造设计　082

　　　　4.3.4　现场建造（参见短视频文件2）　088

　　　　4.3.5　教学总结　089

第5章 工艺导向真实建造的毕业设计　091

　　5.1　教学框架　092

　　　　5.1.1　教学目标　092

　　　　5.1.2　教学重点　092

　　　　5.1.3　教学环节　093

　　5.2　林间伞亭　094

　　　　5.2.1　题目设计　094

　　　　5.2.2　策划研究（概念设计）　097

　　　　5.2.3　材料与结构（方案深化）　099

　　　　5.2.4　加工与建造（参见短视频文件3）　104

　　　　5.2.5　教学总结　105

　　5.3　两山茶舍　107

　　　　5.3.1　题目设计　107

　　　　5.3.2　基于环境与材料的策划研究　110

　　　　5.3.3　材料与结构深化设计　112

　　　　5.3.4　构件加工与现场建造　119

　　　　5.3.5　教学总结　120

后　记　面向真实建造的建筑教育　123

第1章
对话毕业设计

建筑学作为一项专业学位，其目标是培养具备实践能力的职业建筑师。根据《UIA 建筑实践的职业主义推荐国际标准章程》对"建筑师"的定义，通常是依照法律或常规专门给予一名职业上和学历上合格，并在其从事建筑实践的辖区内取得了注册 / 执照 / 证书的人，在这个辖区内，该建筑师从事职业实践，采用空间形式及历史文脉的手段，负责任地提倡人居社会的公平和可持续发展，福利和文化表现。他们从事委托、保护、设计、建造、装修、理财、管理和调节我们的建造环境以满足社会需要。同时，这个章程非常清晰地勾勒出建筑学培养目标在于面向建筑实践，其所定义的"建筑教育"，要求"应保证所有毕业生有能力进行建筑设计，包括其技术系统及要求，考虑健康、安全和生态平衡，理解建筑学的文化、知识、历史、社会、经济和环境文脉，理解建筑师的社会作用和责任，并具有分析和创造的思维能力。"

根据这个要求，建筑学专业的"毕业设计"是本科学习中最为综合的一个设计环节，它集中体现建筑师培养的目标体系，检验教学水平，全面考量学生专业素质、实践能力和设计知识。然而，原本在教学计划中举足轻重的毕业设计，目前由于时代变迁、行业发展、学制衔接等影响，学生与教师对毕业设计的重视程度已大不如前。与学生、教师对话毕业设计，了解双方的现实与选择，是本书对毕业设计进行反思的开始。

1.1　引导学生的志趣选择

"毕业设计"从字面可以理解为证明学业而完成的设计或者为毕业而进行的设计，毕业设计的水平折射着学业水准、人才培养的水平。从这个层面理解，毕业设计具有相当的仪式性特征，既是学生学业的总结，人生节点的必要经历，也是学校教学水平的一次大检验。

然而，现实情况却是毕业设计和学生毕业、升学、就业没有必要性、决定性的关系，甚至和人才培养水平也没有直接关系。因为无论是升学、出国还是就业，学生都是提前拿到录取通知，毕业的去向选择与毕业设计的好坏没有关系，而当前学科评估、专业评估中，对毕业设计虽有条文要求，但由于毕业设计内容多样，也很难有统一标准进行考核。

　　事实上，学生在毕业阶段的行为模式的共性是客观的、有迹可循的。我们对毕业设计的设置遵循了专业培养的要求，却忽视了人才发展轨迹的现实性。对于建筑学学生而言，第五年面临的恰恰不是学业总结，而是人生选择。当前考研往往会成为学生对于人生轨迹的重点选择，并且在时间、精力上会全力投入，甚至很多学生从大四下学期就开始准备了，这种状态一直会持续到大五下学期的三四月份，人生去向基本确定，内心才稍微安顿下来。在这种状态下学生很难有充分的激情全力投入到对毕业设计的挑战之中，因为毕设分数高低无关紧要，即使是早早确定保研、拿到国外院校录取通知的学生多也是同样的心态，更不用提那些要找工作、实习、面试的同学。因此，对于专业体系非常重要的毕业设计环节，也逐渐沦为本科的"最后的一份作业"。

　　与其强调毕业设计总结性、仪式性的专业意义，不如关注毕业设计在专业性之中如何激发学生的热情与全身心投入的动力，如何对学生未来人生、职业拓展产生积极的作用。那么什么样的毕设可以激发学生的设计热情？事实上学生在毕设选题时已经传递了答案，学生毕业设计选题的多元化倾向与学生们未来人生的多元化选择是契合的。首先学生们希望能接触真实社会的需求，接触建筑实际操作的过程，真刀真枪地去应用学到的技能，真题往往比假题更受欢迎。其次学生们希望毕业设计和未来的专业、职业方向有关，尤其可以较早地进入一些"细分领域"，通过毕业设计获得与同龄人竞争中的"比较优势"；例如有的学生希望毕业后从事古建筑保护的研究，有的希望探索数字化技术，还有的希望转到景观领域深造，是否能够回应学生对未来的期许，也许是毕设激发热情的重要出发点。最后，学生们需要在毕设过程中获得实践思维或者社会认知的转变，毕设是否能够给学生提供一种与"象牙塔"不同的体验，是学生们告别校园的这段时间所期待的。

　　当前高校推崇以学生为中心的教学，毕业设计更需要能体现对学生未来发展的推动作用。

1.2 支撑教师的实践与需求

毕业设计是本科阶段学时最多的课程，毕业设计也是指导教师将教学、实践、科研三者相结合的最佳探索平台，毕设教师的身份需要从以往的课堂知识传授（按照教学大纲教学），转向毕设团队的方向引导、毕设活动组织以及建造活动推动（多元训练教学方法）。

然而从学生们现实需求来看，教学体系在毕业阶段的作用和意义已经非常微弱，甚至存在浪费时间的危险。毕业设计的教学策略和模式是否能应时而变，突破当前现实的局限性，是教师工作面临的挑战。

从课程体系或者专业评估要求上看，毕业设计只是一个教学环节，甚至算不上课程。在学校对于教师的考核中，毕业设计也并非必要项目，教学投入通常也不会按照实际课时来计算。因此，现实中教师往往是缺乏积极性的，很多学校为了提高毕业设计的指导力度不得不增加毕业设计评优或者获奖等考核指标，来鼓励教师参与并重视毕业设计教学。

按照专业评估要求以及建筑学专业的人才目标，建筑学专业的毕业设计要求呈现非常高的专业性，对标建筑师的执业工作。欧洲许多国家的建筑学教育一直保持这样的传统，毕业设计可以决定是否毕业、是否能够具备成为建筑师的资格。在没有淘汰机制的约束下，对标职业建筑师的毕业设计标准对教师的实践能力却提出了更高的要求。早年高校教师无论是专业理念还是实践经验都是相当突出的，而当前高校普遍的学科建设导向下建筑学教师越来越趋向于学科研究而非专业实践。与其学校教师来模拟实践进行指导，倒真不如让真正的职业建筑师来指导更具针对性。"真刀真枪做毕设"的建筑学传统已经随着行业发展模式，学生宽口径择业需求等现实因素的变化而逐渐式微。

常规本科设计课程特定目标、规定动作下的教学，教师就是示范、评价的教练角色。而当毕业设计既不是普通设计课，也不是真实实践，更不是学术研究的现实情况下，教师应当是何角色？

毕业设计在教学方式上不同于标准设计课程的教案设计、教学组织等具体要求，呈现的是一种自由教学的方式，与研究生的论文指导方式非常相似，教学方向、方法和目标结果与指导老师个人偏好、倾向性密切相关。毕业设计在承载双向选择的同时，也承载了双向目标，要发挥调动教师与学生各自独立自主的特性，激发学生创造力，双方在毕业设计过程中都能实现各自的兴趣和需求，教学成果也将对实践与科研起到促进作用，正所谓教学相长。单向指导的被动关系就转变为一种双向的互动合作关系，教师转变为引导者、参与者、协作者的角色。

当教师在毕业设计中的角色发生转变，教师就从教什么跨越到做什么，教师的研究领域、兴趣特长得以发挥，学生也可以接触到更广泛和更具探索性的专业领域。毕业设计的属性也就从总结性训练转变为拓展性尝试，从专业人才培养转变为对人的综合能力塑造，尤其是对学生的感知体验、思维能力、表达沟通能力、研究学习能力甚至品格方面进一步提升。

事实上，当教学体系和管理机制未能发生转变的情况下，教师作出一些主动积极的选择和尝试是扭转当前毕业设计困境最有益的路径。

1.3　反思人才的培养体系

与工学学位从基础理论到综合实践的教育体系不同，专业学位培养体系以建筑设计实操性课程为主干，其他理论知识围绕设计训练展开，是建筑师培养的历史传统模式。同时，无论在西方古典或近现代还是在中国传统工匠培养中，建筑师培养均重视以"盖房子"为目标的建造过程训练，通常以"师徒制"方式在真实工程项目中增长经验。

现代大学学科制培养模式和行业分工细化后，建筑师培养更多重视设计训练，并积累了成熟的教育计划，但因大学独立于行业的培养（以及行业对效率、利润、安全的追求），相应的"真刀真枪"的训练并不充分，只能等到毕业后进入行业后才逐渐开始。

在《全国高等学校建筑学专业本科（五年制）教育评估标准》（2018年版）（以下简称《标准》）对建筑学专业能力培养的体系中，共提出4大项、14 分项、34 个能力点的要求，其中与实操强相关的有 10 点（图 1-1 中标记红色），还有 10 点（图 1-1 中标记橙色）也为相关实践能力培养点。包括《堪培拉建筑教育协议（建筑学专业教育评估认证实质性对等协议）》等在内的国内外建筑师培养目标中，都强调了实操能力的达成。

同时，2019 年中华人民共和国国家发展和改革委员会、中华人民共和国住房和城乡建设部在《关于推进全过程工程咨询服务发展的指导意见中》提到"全过程服务"，是对建筑师综合要求提升，"设计单位在民用建筑中实施全过程咨询的，要充分发挥建筑师的主导作用"。那么，理想中针对学生实践能力的提升，应是循序渐进的过程，是与建筑设计主干课程并行螺旋上升的过程。下表（表 1）针对各年级当前设计主干课程，梳理总结了实践课程应补充的价值目标。

与建筑设计主干系列课程价值目标对应的实践课程应补充的价值目标　　　　　表 1

年级	核心目标	建筑设计主干系列课程价值目标	对应实践课程应补充价值目标
一年级	基本功训练	入门方法学习，方案构思能力训练，对建筑基本原理的设计运用	理解实体与空间的相互关系，建筑材料的直观感知，设计付诸实施的过程体验
二年级	自主性培养	从教师全面指导，逐步转化为目标导向的自我知识寻找、整合的方法培养	单一材料加工与组织，以小型作品制作理解"设计—建造"相互反馈调整的原理
三年级	启发式训练	教师引导，学生独立观察建筑现象、发现建筑问题进而提出解决问题	材料质量、力学性能、构造连接的理解运用，单一材料真实空间建造体验
四年级	行业化训练	面向行业需求，理解专业分工、设计管理流程，熟悉行业规范在设计中的运用	接触行业内其他专业的制造体系，与其他专业合作进行多种材料、设备的真实空间建造
五年级（或"4+2"硕士阶段）	合作式训练	结合中外联合设计专题和国内外设计竞赛，多元化思维与融合训练	面向真实工程项目的、多专业合作设计与实地建造，现场施工技术指导或配合

而在当前大多数教学计划中，前四年受到课时、场地、经费等方面的限制，对实操实践能力提升，未形成有体系的教学计划。对于实际项目的"全过程"训练则更加稀少，即使在如"建筑师业务实践"中，因时间较短（三个月为主）也很少能接触深化设计直到建造阶段的内容。

五年级毕业设计是本科阶段时限最长的一段集中训练，理应承担其"全过程"训练的任务。对比前四年的设计课程，毕业设计应强调面

二级指标	三级指标	标准要求
建筑设计	建筑设计基本理论	(1) 熟悉建筑设计的目的和意义,掌握建筑设计必须满足人们对建筑的物质和精神方面的不同需求的原则
		(2) 熟悉功能、技术、艺术、经济、环境等诸因素对建筑的作用及它们之间的辩证关系
		(3) 掌握建筑功能的原则与分析方法,能够在建筑设计中通过总体布局、平面布置、空间组织、交通组织、环境保障、构造设计等满足建筑功能要求
		(4) 掌握建筑美学的基本原理和构图规则,能够通过空间组织、体形塑造、结构与构造、工艺技术与材料等表现建筑艺术的基本规律
		(5) 掌握建筑与环境整体协调的设计原则,能够根据城市规划与城市设计的要求,对建筑个体与群体进行合理的布局和设计,并能够进行一般的场地设计
		(6) 熟悉可持续发展的建筑设计观念和理论,掌握节约土地、能源与其他资源的设计原则
	建筑设计过程与方法	(7) 熟悉建筑设计从前期策划、方案设计到施工图设计及工程实施等各阶段的工作内容、要求及其相互关系
		(8) 掌握联系实际、调查研究、公众参与的工作方法,能够在调查研究与收集资料的基础上,拟定设计目标和设计要求
		(9) 能够应用建筑设计原理进行建筑方案设计,能够综合分析影响建筑方案的各种因素,对设计方案进行比较、调整和取舍
		(10) 熟悉在设计过程中各专业协作的工作方法,具有综合和协调的能力
	建筑设计表达	(11) 掌握建筑设计手工表达方式,如徒手画、模型制作等,能够根据设计过程不同阶段的要求,选用恰当的表达方式与手段,形象地表达设计意图和设计成果
		(12) 能够用书面及口头的方式清晰而恰当地表达设计意图
		(13) 掌握计算机辅助建筑设计(CAAD)的相关知识,能够使用专业软件完成设计图绘制、设计文件编制、设计过程分析、建筑形态表达等
建筑相关知识	建筑历史与理论	(14) 掌握中外建筑历史发展的过程与基本史实,熟悉各个历史时期建筑的发展状态、特点和风格的成因,熟悉当代主要建筑理论及代表人物与作品
		(15) 熟悉历史文化遗产保护和既存建筑利用的重要性与基本原则,能够进行建筑的调查、测绘以及初步的保护或改造设计
	建筑与行为	(16) 熟悉环境心理学的基本知识,对建筑环境是否适合于人的行为有一定的辨识与判断能力;能够收集并分析有关人们需求和人们行为的资料,并体现在建筑设计中
	城市设计景观设计	(17) 熟悉城市规划和城市设计理论和方法,掌握城市设计和居住小区规划的基本原理,并运用到设计中
		(18) 熟悉景观设计理论和方法,掌握景观设计的基本原理,并运用到设计中
	经济与法规	(19) 熟悉与建筑有关的经济知识,包括投资估算、概预算、经济评价、投资与房地产等的概念
		(20) 熟悉与建筑有关的法规、规范和标准的基本原则及内容,具有在建筑设计中遵照和运用现行建筑设计规范与标准的能力
建筑技术	建筑结构	(21) 熟悉结构体系在保证建筑物的安全性、可靠性、经济性、适用性等方面的重要作用,掌握结构体系与建筑形式间的相互关系,掌握在设计过程中与结构专业进行合作的内容
		(22) 熟悉结构体系与建筑形式之间的相互关系,掌握常用结构体系在各种作用力影响下的受力状况及主要结构构造要求
		(23) 能够在建筑设计中进行合理的结构选型,能够对常用结构构件的尺寸进行估算,以满足方案设计的要求
	建筑物理环境控制	(24) 掌握自然采光、日照与遮阳、人工照明等设计原理,能够在建筑设计中保证满足相关标准的要求
		(25) 熟悉建筑环境控制中声学环境标准,掌握噪声控制与厅堂音质等基本知识,能够在设计过程中运用这些知识
		(26) 掌握自然通风的原理和围护结构热工性能的基本原理,熟悉建筑节能及绿色建筑的设计原理与方法,掌握建筑设计中节约能源的措施和节能设计规范的主要设计内容
	建筑材料与构造	(27) 掌握一般常用建筑材料的性质、性能和成本差异,熟悉新型材料的发展趋势,能够合理选用围护结构材料和室内外装饰装修材料
		(28) 熟悉常用建筑的构造体系和组成规律,掌握常用的建筑工程作法和节点构造及其原理,能够设计或选用建筑构造作法和节点详图,并熟悉其施工方法和施工技术
	建筑的安全性	(29) 熟悉建筑安全性的范畴和相应要求,掌握建筑防火、抗震设计的原理及其与建筑设计的关系
		(30) 熟悉建筑师对建筑安全性所负有的法律和道义上的责任
建筑师执业知识	制度与规范	(31) 熟悉注册建筑师制度,掌握建筑师的工作职责及职业道德规范
		(32) 熟悉现行建筑工程设计程序与审批制度,熟悉目前与工程建设有关的管理机构与制度
	服务职责	(33) 熟悉有关建筑工程设计的前期工作,熟悉建筑设计合约的基本内容和建筑师履行合约的责任,熟悉建筑师在建筑工程设计各阶段中的作用和责任
		(34) 熟悉施工现场组织的基本原则和一般施工流程,熟悉建筑师对施工的监督与服务责任

图1-1 《全国高等学校建筑学专业本科(五年制)教育评估标准》指出的34项能力点

向实际工程需求，考虑技术经济合理性，也要重视设计创作为业主带来的社会价值。而对比在实习单位实习的过程（如"建筑师业务实践"课程），毕业设计更强调学生主导设计过程，这样才能在"全过程"中体会设计的力量，同时也会领悟一些"碰壁"或"挖坑"的教训，才能让学生真正热爱建筑设计，对工程项目产生专业责任心。

良好的毕业设计过程，建立在教师与学生共同的志趣基础上。首先，教师对于行业中的实际工程项目，应具备转化为教学任务的能力；同时，能够在项目中争取创新、研究、探索等时间空间上的冗余，其分给学生的任务量与全过程体验相匹配，也可充分信任学生并有充足的时间辅导设计，把控关键节点。对于学生来说，"真刀真枪做毕业设计"已经超越了对升学、就业等身份进阶的利益交换，而是纯粹地为实现设计理想，用自身专业能力拓展社会阅历，并踏实经历全过程的设计实践。

针对真实建造的毕业设计，本书从功能、性能、工艺等三个角度深入探讨毕业设计的教与学。功能导向指毕业设计中研究建筑的功能空间及其细微变化、特定空间下的人的日常行为、建筑的功能空间如何激发人的行为等；性能导向是在真实建造的语境下研究建筑的物理性能等；而工艺导向则倾向于真实建造中的材料和工艺研究。

诚然，工程项目的多样性和教师能力所限，每年都开展有效的面向真实项目的毕业设计，是一项巨大的挑战；同样也很难强求在一个学校的建筑学专业这样的毕业设计可以覆盖到全部的学生。但如果能有更多的教师，争取更多的机会，也是对当前建筑教育、人才培养的巨大贡献。本书旨在介绍此类毕业设计的项目，仅供业内参考，以期未来更多的高校建筑学教师在毕业设计中推广。

第2章

基于"真实建造"理念的毕业设计

2.1　建筑学教育国际、国内发展趋势

2008 年中、美、英等国家、机构联合签署的《建筑教育评估认证实质性对等互认协议》即《堪培拉协议》，确立了建筑学教育的新起点，这标志着国际上建筑学体系的统一与互认。而对于国内的建筑学教育发展而言，2018 年，《全国高等学校建筑学专业教育评估文件》的发布标志着国内建筑教育行业教育理念、体系、评估方式的统一。2019 年国家发展改革委员会、住房和城乡建设部联合印发《关于推进全过程工程咨询服务发展的指导意见》将建筑师行业职业责任落实规范化，确立了建筑师在建筑设计过程中的主导作用。

从中我们不难看出，近年来国际、国内建筑教育、建筑师行业流程都呈现出规范化与标准统一化。同时，国内的建筑教育呈现出教育与训练向建筑师实际工作靠拢的倾向。作为本科阶段最为综合的设计课题，"真实建造"的毕业设计便在这种教学环境下应运而生。

2.2　毕业设计定位与目标

毕业设计定位与目标有以下三个：

（1）充当多元教育资源接口：教师把现阶段的机遇转化为教学资源。

（2）教学相长的创新实验：表达尝试性、理想目标。同时响应国家层面对教育创新创业的引导方式。

（3）兼顾热点与深度的实践平台：对于前四年无实操性的本科教学而言，实践项目是热点，而实操是深度。

2.3　国内外高校对于毕业设计的探索

（1）以拓展视野为目标的多个国家／地区或多个学校的联合设计

通常多国多校联合设计，以某高校为主办方，遴选真实场地、真实

项目、真实需求，以城市设计或建筑策划为主，在地开展社会、经济、民生等方面调研，而后就城市环境或发展问题给出综合设计答案。这类毕业设计对于本科毕业生来说，因其有机会去真实场地外出调研，有与学校生活不同体验，具备相当的吸引力。其优势是不同国家或地区知识背景的师生汇聚一堂，尽管对现实物理环境并无改变，但思维碰撞能够为城市发展、建筑策划带来丰富的解决方案，非常适合主办地发展决策参考。同时，其顺应学生以设计为主线的知识背景和能力体系，也能获得相当高水平的设计成果，因此深受各校教学体系欢迎。

（2）作为科研能力训练的专项研究课题

这类研究训练通常以二级学科建筑技术、建筑历史等方向为主，在毕业设计阶段做更精专的科研，为学生将来的研究生生涯奠定基础。这类课题在毕业设计中相对占少数，而且对于本科建筑学培养以设计课程为主干的学生来说，科研思维方式的跨度较大。毕业设计指导教师如开展这类研究，一般需要进行以设计对象为依托的研究，且研究方法、技术路径相对明确，强调设计应转化为学术化的成果。在一些能够将本科生与研究生统筹发展的高校中，对已保研的学生培养方案更倾向于此类题目。

（3）面向建造的实际工程项目

这类即本书将展开的毕业设计类型，也是从 20 世纪五六十年代即产生的"真刀真枪做毕业设计"的一种传统。沿袭至今，建筑学在培养学生实操能力、综合运用设计方法方面，无论学生或教师，面向真实建造的项目仍然是具备相当吸引力的。

2.4 毕业设计的困境与革新

（1）当前毕业设计所面临的困难

对于现阶段毕业设计面临的困难而言，首当其冲的影响因素就是学生受到的来自工作实习与考研的压力。这使学生对于毕业设计的投入时间和兴趣大打折扣。其次，由于大环境造成教学中不具备真刀真枪的实际建造资源，学生很难在本科阶段去接触到今后读研和工作中非常实用的一些知识，这使得现阶段的毕业设计内容深度较浅，工作思维与方法重复，对于从学生到建筑从业者这一转变过程的帮助有限。

这些传统的"纸上建筑"，能够针对学生的设计理念和手法起到针对性训练，也能培养学生的创新性思维。然而随着建筑行业的不断发展和国家政策的改革，传统的"纸上建筑"教学是远远不够的，其局限性是难以深入锻炼学生的技能。因此，基于"真实建造"的毕业设计改革尝试对于本科毕业设计来说具有重要意义。

（2）"真实建造"所带来的革新

首先我们要弄清楚什么才算是基于"真实建造"的毕业设计，"真实建造"简单来讲就是把毕业设计当作真正要落地的项目来进行的毕业设计。"真实"二字在整个毕业设计中体现在建筑策划、技术深化、专业协调、材料选择、施工建造这五个方面。

面对系统越来越复杂的当代建筑，建造元素已经超越了纯粹的材料、工艺范畴，建造也超越单纯的物质活动而成为设计过程的重要对象。面向真实建造的教学必然需要拓展到更多维的视角和切入点，核心目的是建立建造意识。从不同的视角将设计导向真实建造的过程是我们毕业设计设教学的出发点，着重呈现功能导向、性能导向、工艺导向三种不同导向的真实建造来设计、组织教学过程，功能导向侧重功能内容策划对设计建造的限制影响，性能导向则突出建筑性能需求对设计建造的限制影响，工艺导向则突出材料工艺对设计建造的限制影响。

对于开题模式而言，"真实建造"是师生双向选择的毕业设计开题模式。在开题阶段，"纸上建筑"与"真实建造"毕设选题同步开放，教师充分尊重学生意愿，合理分配教学资源。其中，针对"真实建造"的毕设时间分配，尽可能选取小体量的建筑设计（小型住宅、旧房改造、绿色建筑等），快速高效确立设计方案，将重心放在材料、建造、工艺的深入。"真实建造"主打以"功能、性能、工艺"为导向的三大特色板块。之后分以下三个环节进行教与学的开展：

①调研报告

本阶段要求学生进行现场或者线上测绘，通过查找现有建筑规范、资料和激励社区人员主动参与问卷调研等方式，调研包括但不限于场地周边居民的行为习惯与需求、场地历史脉络等方面的基本信息；同时通过相关案例研究，了解场地内的特有环境，了解国内外有关方面既有案例的优劣，阅读并基于研究发现并提出场地现存的问题，基于问题去进行具体化的设计。

除此之外，在该阶段教师还要求学生大量阅读文献，增补有关设计方面的知识，并引导学生从使用者、投资方和建筑师这三个角度去看待场地现状和改造的内在需求都有些什么。

②方案设计与技术深化

"真实建造"的概念将贯穿整个方案设计与技术深化过程。学生在对前期问卷与调研数据进行梳理，与学习优秀案例与设计理念的前提下，结合预算完成方案设计与技术深化工作。同时，学生也需定期与指导教师和施工方交流，在概念设计的过程中学习了解施工图的绘制，确保方案可以落实到实际建造的深度。

在此阶段学生需要整合前期调研的结果，对场地环境和前期所提出的功能需求进行整合与思考，从而对设计什么、设计出来的建筑要解决哪些问题、需要多少成本等核心问题进行深入的思考。

③实际建造与后期评估

在此阶段，教师将带领学生参观相关的材料产品制造商，引导学生掌握并应用实际材料与产品。同时对材料的性能与承载力进行模拟计算，确定方案的可落地性。学生需要考虑项目的落地性，包括自主选择建材、参与成本核算、切身体会从图纸到场所所经历的过程；通过参与真实的建造，学生必须思考和操作所有的材料、部件和细节；最后通过教师与外聘施工队评估形成教学闭环。真实建造的毕业设计能够帮助师生完善对毕业设计教学改革的目标进行验证和反思，并寻求在以后的教学实践中延展和可持续性。

总而言之，基于"真实建造"的毕业设计是由零星教师带动，更多地关注实际建造中所出现的问题的一种毕业设计模式。这也是基于国际、国内建筑行业趋势下所开展的针对本科生毕业设计的创新实验。

2.5 "真实建造"的现实意义

在经过多年的探索与实践后，我们发现"真实建造"对学生、教师以及开展"真实建造"的学校都有很多的积极效果：

对学生而言，"真实建造"的毕业设计是使学生向从业者过渡的宝贵机会。"纸上得来终觉浅，绝知此事要躬行"是学生对参与"真实建造"的共同感触。在这个过程中，学生面对的将是全新的挑战与机会。在经历了四年的"纸上谈兵"后，学生终于能够真正去体验今后的职业生活，填补掩藏在深处的教学漏洞，去亲自感受来自材料、结构、经济性等方面对于设计的挑战与机遇。

对教师而言，带领学生进行"真实建造"是创新理念与实践平台的高效结合。教师在毕设过程中不再是唯一的评判者，而更贴近学生的"引路人"这一身份。教师需要同学生一道联系沟通生产厂家与施工队，需要引领学生更多考虑"把建筑建起来"，而不是设计出某些华而不实的"空中花园"。整个真实建造的过程，对于教师来说更是一种"授人以鱼不如授人以渔"的体验感。教师既需要引领学生的创新理念，又要结合自己多年的从业经验以及实践平台，对学生的方案提出修改意见。而"教学相长"就在这一过程中润物无声地发生了。

对学校而言，"真实建造"是学校承担起建筑学教育社会责任的新尝试。例如本书后文会提到的"林间伞亭"，就是基于北京交通大学提供的场地所开展的"真实建造"毕业设计。学校在"真实建造"中可以在一定程度上为学生提供场地，而学生经过深思熟虑后所设计的产物亦可以为学校的环境面貌进行"更新"。学校培养了学生，而学生也为学校改善了面貌，两全其美。

本书收录了历年毕业设计中的聚焦"真实建造"的 6 份优秀毕业设计，记录了毕业设计从选题到最终呈现的全过程，供即将跨入毕业设计的学生参考；希望以此将"真实建造"的设计理念进行推广，在不断地改进与完善中使得毕业设计教学能更好地服务于学生与教师；也希望以此填补当下毕业设计教育内容的空缺，让毕业设计真正地服务于社会。

第3章

功能导向真实建造的毕业设计

当下我国进入了一个新的发展阶段，由简单粗放型增量发展向精明型存量发展转变，高质量发展成为共识。在此背景下如何关注既有空间的品质提升，进行环境改善和特色重塑，如何发挥既有建筑的价值成为设计关注的热点问题之一。建筑设计也重在围绕保存场所精神的背景下开展建筑功能的置换与空间的适应性改造；实现适应新的建筑功能的需求，也同样需要建筑师（学生）挖掘空间的使用潜力适应新的建筑功能来创造适宜的空间，使既有建筑经过改造后重新"焕发新的生命"。

3.1 教学框架

3.1.1 教学目标

研究既有建筑的功能与结构、使用模式，进行策划以及改造提升，通过面向真实建造的设计研究，提升学生对功能、使用模式以及材料的应用能力，并实现设计创新。

3.1.2 教学重点

● 功能分析与定位

要求学生了解用户需求，掌握调研方法，以及从功能入手设计的切入方式。学生需通过问卷调研、实地访谈、现场调研、文献分析等方式完成整个设计过程中对于功能的思考，将用户需求与功能对应完成整个毕业设计。

● 功能导向的空间设计与策划

要求学生具备将功能落实到空间设计的能力，在策划阶段学生需对相应功能进行分析与定位，梳理用户需求，匹配完成空间设计，并转化到空间的尺度、建筑材料以及家具设计等，包括但不限于对于教育空间、非正式学习空间、集会空间等类型的空间设计，并使之相互配合，提升对于设计整体的把控与策划能力。

3.1.3 教学环节

● 前策划与项目分析

本阶段学生需在指导教师的带领下进行实地勘察与测绘工作，通过调研了解包括场地现状、使用模式、师生需求、地域环境等影响因素，并在设计中一一回应。在实地调研的基础上结合文献调研，深入了解既有建筑及使用模式，关注功能空间的新的需求及空间尺度等，并整理汇总作为理论支撑，为概念的初步构思做准备。

● 方案设计与深化

在"真实建造"的背景下，学生以功能为导向进行概念的构思与深化。在测绘工作的基础上进一步思考框架结构对于既有建筑改造的影响。结合前期的理论工作与实际条件，在指导教师的带领下逐步完成概念的构思与深化工作。施工图绘制、实地建造等相关知识也应当在此阶段同步学习。

方案设计阶段的难点和重点是学生根据建筑功能及其实现方式，提出设计目标，并将前期调研和策划成果落实到空间设计中。在考虑可行设计方案的基础上，这一阶段学生同时进行了概念性的设计尝试，探讨各种改造的可能性。

3.1.4 实际建造与后期评估

在方案深化阶段，一是进行空间集约化设计，对于工位单元的空间尺度，不同场景下所使用的材料、色彩进行探索和论证，满足安全耐用、美观、易清洁等要求。二是空间可变性设计，激发同一空间不同使用方式的可能，进一步提升空间使用效率。如共享空间采用轻质隔断和座椅部分空间采用透明或半透明隔断方式，如格栅、书架等，创造视线交流以扩大空间体验，同时保证一定私密性。而在改造过程中，设计方案尊重人们关于原有建筑的场所记忆，维持外立面质感和线性空间的秩序感等。

在细部和构造设计中，利用材质和色彩对比，减少空间浪费，在有限的造价范围内提升空间不同区域的辨识度。通过室内自然通风设计、防眩光设计、吸声材料设置等改善室内声、光、热条件，营造一个激发创意、舒适宜人的空间环境。

　　学生需参与并指导施工工艺设计与监理，以及使用后评估，参与成本核算、现场施工、后期评估等工作，切身体会从图纸到建造所经历的全过程；通过参与真实的建造，思考和操作相关材料、部件和细节；通过建成后使用评估工作形成闭环，帮助师生对毕设教改的目标进行验证和反思，寻求在以后的教学实践中延展和可持续性（图 3-1）。

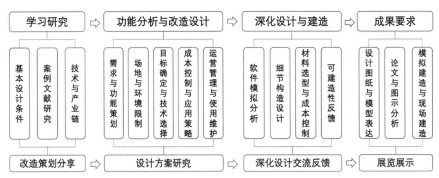

图 3-1　"功能导向真实建造的毕业设计"教学框架流程图

3.2　院馆改造

3.2.1　题目设计

　　（1）毕业设计题目

　　北京交通大学建筑与艺术学院改造（学生：连武越、朱清尘）

　　建筑系馆作为一个综合空间，既是学生理解和体验空间最直接的场所，也是学生学习设计的参照物，会对学生的设计生涯产生深刻的影响。17 号楼的改造见证了北京交通大学建筑学教育的发展，实现了从追求功能至上到发现自由多元之美的转变。以"开放、自由"作为起点，以功能为导向，重新思考建筑系馆的定位与发展，着眼于教学需求，在有限的环境中营造出自由多变的空间。学院改造计划将"环境、需求、建造"交织在一起，意图为当下教学空间的营造与发展提供新思路，定义新教学模式。

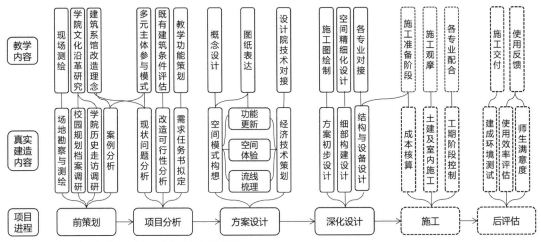

图3-2 "院馆改造"毕业设计教学指导框架流程图

3.2.2 策划研究

（1）区域综合分析与局部功能分析

● 引导与定位

策划部分：通过调研分析撰写深化任务书。

教师带领学生进行现场勘察，讨论并提出系列引导性问题，深入了解教学楼现有空间划分与功能布局方式。针对学院教学空间的功能与氛围进行思考，确立设计目标与概念，研究新的教学模式和教学空间的适配性。

（2）调研与策划——师生协作

● 现状综述

北京交通大学建筑与艺术学院总面积为 $5594m^2$，共六层，由学校男生公寓楼改建而成，为1982年装配式框架结构，楼板为预制板。是学院包括建筑学、城乡规划学以及环境艺术设计、数字媒体设计、视觉传达设计等艺术专业在内的主要学习、展览、交流的教学场所。但现有布局下模型空间、讨论空间、评图空间、学习空间都较为局促，空间利用率整体较低。

● 现状问题剖析

针对教学楼进行初步分析与规划，现有布局仅是各个功能空间，并没有进行细致的划分，且各个功能区之间界限混乱、相互干扰，体验感较差，与设计类专业教学模式不匹配。基于教学功能对于空间的要求，任务书提出了以下问题：

Ⅰ.专业教学特点对于功能具体提出了哪些新的要求？师生们对于展览、汇报等形式的教学空间的需求应当通过怎样的形式满足？

Ⅱ.如何提高空间利用率，在有限的空间内满足不同的需求且相互间不产生干扰？

Ⅲ.现有框架体系如果不可改变，对于学院改造会产生哪些限制？如何保证布局、材料、工艺等能从概念落实到施工完成？

（3）设计目标

明确建筑与艺术学院各专业教学新模式，设计塑造学院"自由多元"的空间。

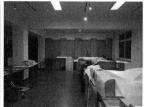

图3-3 专业教室改造前状况

（4）历史脉络梳理与定位

● 脉络梳理

从全世界第一座建筑系馆诞生开始，经历了近两百年的发展，建筑系馆及其交往空间的演变经历了内向的萌芽期、包豪斯革命性的建造影响下的发展期、现代主义探索的多元化成熟期三个阶段。三个阶段中建筑系馆的功能空间排布和设计所处时期的建筑教育理念密切相关。

● 教学功能梳理

专业教室：需要满足授课、讨论、绘图、模型制作、展示等多种功能，具有很大的灵活性与适应性，设计时可以考虑采用以班级为单位的小教室或是以年级为单位的大教室或是创造更多的上下通透空间，营造不一样的教室学习氛围。

评图室：主要用来悬挂图纸和摆放模型，并供师生交流所用，可以采用独立空间设置，也可采用与其他功能房间一起布置，或采用将其结合室内开放式空间一起设置，更加具有公共性，适合更多人参与。

模型室：主要供学生制作模型使用，在对其内部设计的时候可以考虑对建筑本身结构的裸露，建筑空间的上下穿透等方式，让学生能够在制作模型时直面建筑本身，更加利于模型的制作。

图书资料室：一般大型的建筑系馆中都会有这一功能，主要提供建筑学的相关书籍供学生审阅。在对其设计时可以考虑空间的穿插、穿透性，营造不一样的阅读空间。

多功能报告厅：多功能报告厅室内设计较为复杂，其规模需要根据人数和实际需求量来确定，同时对其设计时需要严格按照规范要求进行，并创造最佳视听环境。

门厅：作为室内外的过渡空间，不仅需要照顾因为建筑室内外物理环境的变化，同时要照顾到人的心理感受。因此需进行适宜的缓冲设计，并考虑好疏散问题。

其他公共空间：这一部分空间可以随机穿插在整个建筑系馆当中，也可结合诸如展示、休闲咖啡一起设置，作为丰富整个空间的主要组成部分，对该部分的设计需要注重其丰富空间的处理以及与其他功能用房的交接问题。

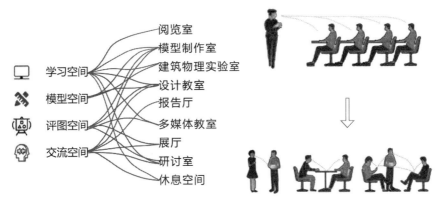

图3-4　师生行为模式与空间需求

（5）北京交通大学建筑与艺术学院空间现状梳理与定位

● 引导与定位

针对院史脉络提出引导性问题：教学体系发展呈现出哪些趋势？与之对应的空间、功能又该是怎样的形式？

● 调研与深化

教学体系：

通过梳理北京交通大学建筑系办学历史及近年来的教学模式，我们发现其具有工科高校的强烈特征：课程体系稳定，重视应用实践、重视基础技能培养等。课程体系相对固定，近年学院在原有课程基础上，尝试了许多新的教学形式，如进行小组竞赛、设置跨专业课程、举办建造节，邀请校外评审答辩、联合毕设等。

教学对于空间的要求：

北交大建筑系与艺术系合并及规划系的规模扩大，教学空间与教学模式不相匹配，缺乏多元化、跨专业学习的考虑。教学楼空间上的限制使学院难以开展多元化教学活动，这对寻求学科评估认可，科研领域认可以及社会与行业认可不利。学院作为设计教育的主要场所，缺乏与学科教学相匹配的特色空间，且学院缺少标志性空间和非正式教育及交流空间。

3.2.3　功能布局（方案深化）

（1）改造策略

● 开放公共——新增或扩建的报告厅、图书分馆等采用共享、通用、开放的布局模式，创造了一个多元复合、灵活适应的空间容器，匹配教学功能的转变，成为创新设计理念的直观示范和学习媒介。

● 时空叠合——大空间分时共享、弹性使用，展览时转化为展览空间，同一空间多重使用，提升了空间效率，解决集约办学条件下的空间紧张问题。

● 竖向发展——图书分馆下挖地坪，并巧妙地利用地梁，丰富了空间体验。首层报告厅以及四、六层小报告厅立体式的讲台和观众席，是举行毕业答辩、校友回访、专家参观等公共活动时不可或缺的空间场所。

根据"时空叠合"的改造指导思想，设计团队草拟院馆任务书，得到理想情况下的面积需求（图3-5第二列），进而采用分时共享的模式进行功能整合（图3-5第三列），最后进一步细分各层的分区（图3-5第四列）。

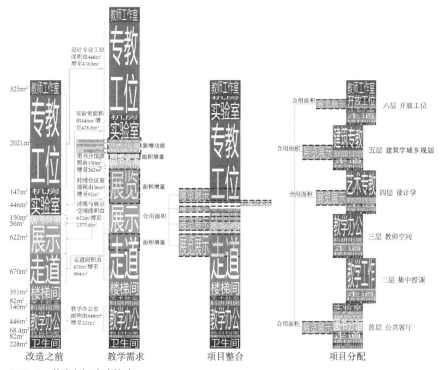

图3-5　学院空间改造策略

（2）内部空间功能与布局细化

● 引导与定位

教师针对具体使用功能与空间划分提出引导性问题：师生们到底需要怎样的使用空间？各个功能区块之间的联系划分应当如何处理？"开放、自由"的态度如何通过空间与功能的营造得以实现？

● 调研与深化——彻生协作

需求定位：

通过问卷调研与访谈等形式了解师生对于教学空间与功能的具体需求，通过整理问卷我们得出了以下结论：

建筑外部缺乏标识性；

内部空间封闭、局促，不利于教学活动的开展；

缺少与专业相适配的座谈空间、休闲空间；

缺少报告厅等汇报场所；

缺少服务设施。

● 功能布局细化

结合师生需求，综合考虑预算、施工等问题，采取以下解决方式：

外部空间向校园开放；

高密度设计教室、增加多种评图展示空间；

增设报告厅、沙龙空间；

增设打印室、咖啡馆等服务性场所。

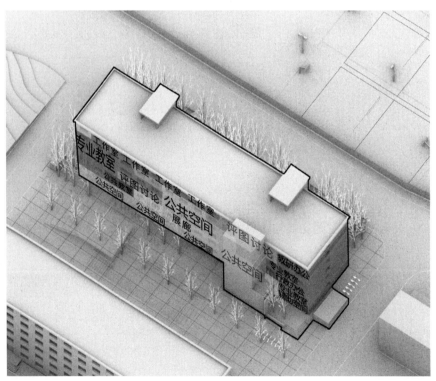

图 3-6　学院改造功能分区

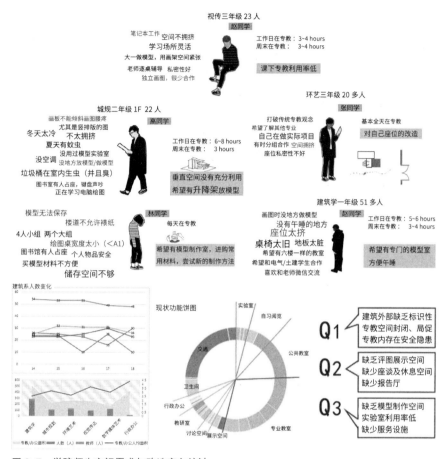

图 3-7 学院师生空间需求与改造意向统计

（3）楼层改造深化

一层——公共客厅

● 引导与定位

作为学院公共客厅，学院一层应当承担怎样的功能？在学院与校园之间是否应当存在某种界限或是纽带？一层是否仅仅起到类似于"会客室"的功能？

● 调研与深化——师生协作

通过对学院全体教师的问卷调研、各专业各年级本科生和研究生的访谈和讨论，我们分析学院一层理应成为整个学院的多元化"公共客厅"，不仅能承载学院师生的日常休闲活动，也能成为校园里的热门

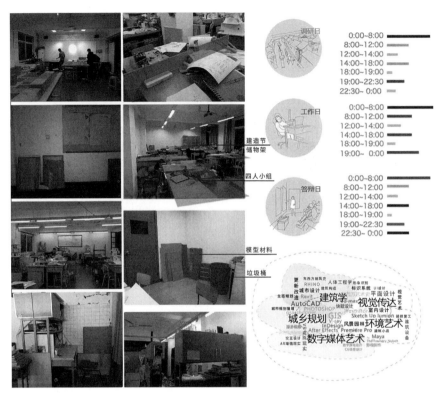

图 3-8　学生学习模式记录（改造前）

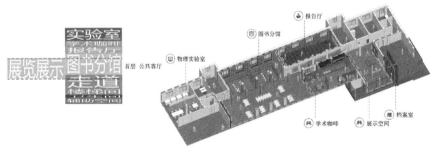

图 3-9　一层功能布局

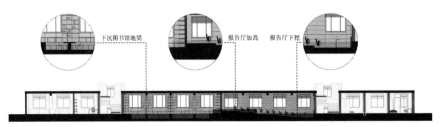

图 3-10　一层演播厅剖面图

"打卡地"。对建筑系师生的高强度使用而言，高密度空间可持续的设计要诀就是提升空间的效率，一层展厅采用多重与重叠的使用方式：展览期间，图书自修区在四月初先是作为期中评图与展览厅，六月初改为期末评图展览厅，然后迎接六月中旬对外开放的毕业设计展览。

三层——教师空间

● 引导与定位

区别于学生学习工作和师生教学工作，教师工作是否应采取"全盘开放"或是"相互独立"的处理态度？

● 调研与深化——师生协作

无论是针对学院工作或是教师们的研究工作，目前依旧是独立办公的形式为主体，相互配合形成小团队为辅助。因此团队在三层设置了独立办公与合间办公相结合的办公空间，同时对原有讨论空间和会议室进行了改造，以更能适应教师们的办公模式。

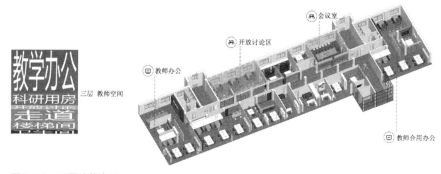

图 3-11 三层功能布局

四层——艺术空间

● 引导与定位

四层容纳了环艺、数媒、视传三个艺术类专业，空间显得更加局促。三个专业之间的学科内容是否应当发生交叉？这样的交流在日常的教学工作中是否会对教学环节产生影响？

● 调研与深化——师生协作

四层为艺术专教，超过半数的艺术系学生在专教完成大部分学习、工作和生活内容，大部分专业课程的教学也发生在这里。因此，团队采

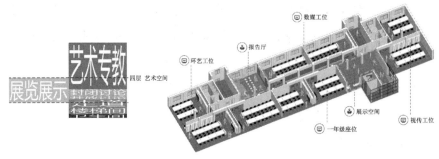

图 3-12　四层功能布局

用了相对独立的教室划分方式，同时在走廊内设置了模型展陈、图纸展示等空间。此外，在四层设置了两处开放交流空间作为学科交流空间，也避免了这样的交流对日常教学环节的影响。

五层——专教容器

● 引导与定位

五层容纳了建筑学本科四个年级的教学任务，整个楼层的空间都可作为建筑学教学和展示空间，对于这种特点应该采取怎样的处理方式？

● 调研与深化——师生协作

建筑系学生需要在专教进行长时间、高强度的自主学习，进行理论学习、方案设计、图纸和模型制作。因此在院馆改造中，专教的改造也是重中之，空间的转变也必然带来教学模式的变化。

结构上：针对框架结构取消了绝大部分的横向隔墙，以期创造灵活的交流、视线的贯通和便捷的交通，打破不同年级之间封闭的现状。针对交通空间的复合化利用，在墙面和隔断上都安装了软木墙，方便钉图和自由布置评图空间，在有限的空间中创造出自由、开放的空间体验。

改造前，受原宿舍楼结构限制，除必要的辅助面积和交通面积以外，其余全为封闭教学工作面积，且空间尺度及形状不符合实际教学工作的要求；改造后，设计以新增的休闲交流空间为核心，工作区域南北两侧分置。

公共区域方面：改造前，交通空间缺乏起承转合，空间闭塞，原有空间格局单一，教室内部被结构柱分隔；改造后，交通空间结合新增的休闲交流空间，形成建筑规划开放专教区的活力之轴。

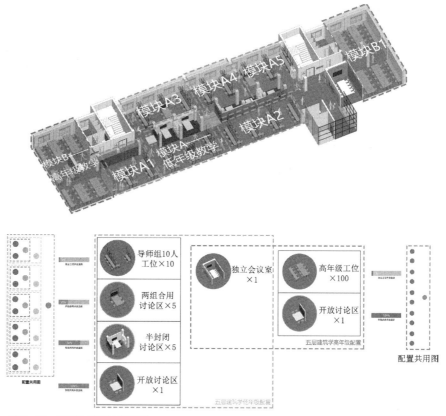

图 3-13 五层教学模块配置图

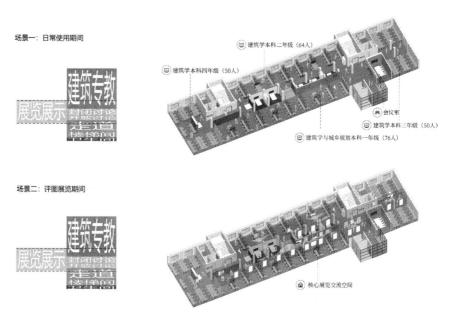

图 3-14 五层分时共享图

六层——开放工作坊

● 引导与定位

工作室、开放工位、城乡规划专业教学是六层的主要功能，如何将三者在教学空间下相统一？

● 调研与深化——师生协作

在六层，团队设置了开放工位和讨论区，供同学们进行学习、讨论，将工作室与教学融合在一起。

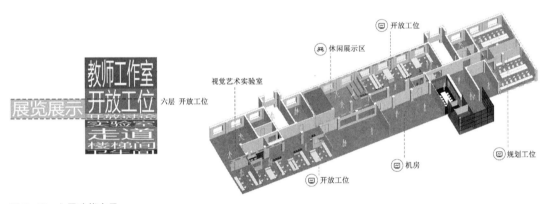

图 3-15 六层功能布局

3.2.4 部分技术图纸

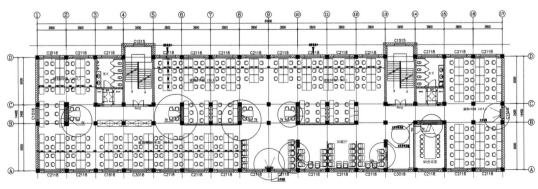

图 3-16 五层平面图

1 Fair faced concrete finish
2 Black stainless steel handrail
3 Grey 800 * 800mm floor tile
4 Grey concrete
5 2mm White emulsion paint
6 Stainless steel storage cabinet
7 12mm tempered glass partition
8 10mm flat glass

9 Metal wood grain perforated sound-absorbing board
10 Embedded 10cm LED screen
11 Gray 1200 * 1200mm marble finish
12 2mm thick writing metal whiteboard
13 Fabric decoration
14 12mm tempered glass
15 15mm thick wood grain floor

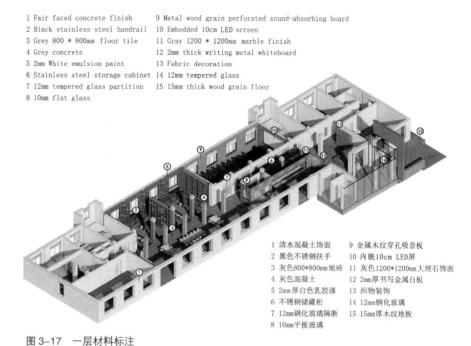

1 清水混凝土饰面
2 黑色不锈钢扶手
3 灰色800*800mm地砖
4 灰色混凝土
5 2mm厚白色乳胶漆
6 不锈钢储藏柜
7 12mm钢化玻璃隔断
8 10mm平板玻璃

9 金属木纹穿孔吸音板
10 内嵌10cm LED屏
11 灰色1200*1200mm大理石饰面
12 2mm厚书写金属白板
13 织物装饰
14 12mm钢化玻璃
15 15mm厚木纹地板

图 3-17　一层材料标注

1 白色水性漆
2 白色900*900mm大理石
3 内嵌100mm铝窗框
4 1200*2000mm地弹簧玻璃门
5 12mm厚木饰面(水曲柳)
6 2400*1800mm白色金属防火门
7 灰色800*800mm地砖
8 12mm厚抗倍特板

1 White waterborne paint
2 White 900*900mm Marble
3 Embedded 100mm aluminum window frame
4 1200 * 2000mm ground spring glass door
5 12mm thick wood finish (Fraxinus mandshurica)
6 2400 * 1800mm white metal fireproof door
7 Grey 800 * 800mm floor tile
8 12mm thick anti doubling plate

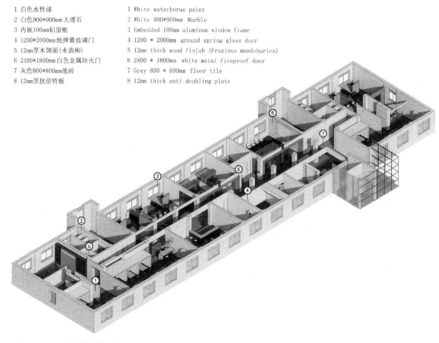

图 3-18　三层材料标注

1 12mm厚木饰面(曲柳木)
2 水性黑板漆
3 12mm吸声木纹板
4 白色乳胶漆
5 12mm 厚软木板
　(背部为6mm厚木衬板)
6 灰色800*800mm地砖
7 12mm厚双玻百叶玻璃隔断
8 灰色混凝土饰面
9 轻型铝合金百叶窗帘

1 12mm thick wood finish (Fraxinus mandshurica)
2 Waterborne blackboard paint
3 12mm sound absorbing wood grain board
4 White emulsion paint
5 12mm thick cork board
　(6mm thick wood lining board on the back)
6 Grey 800 * 800mm floor tile
7 12mm double glass shutter glass partition
8 Grey concrete finish
9 Light aluminum alloy shutter curtain

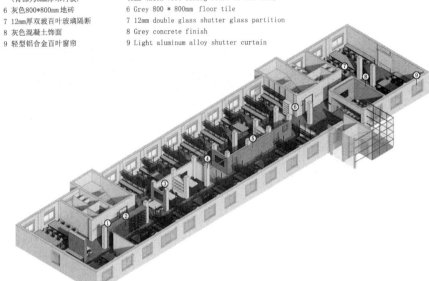

图 3-19　五层材料标注

3.2.5　空间呈现（实施反馈，参见短视频文件1）

空间改造对比

一层改造后：

图 3-20　一层咖啡厅与一层演播厅

三层改造前：

图3-21 交通空间、电梯间与储藏室

三层改造后：

图3-22 三层会议室

四层改造前：　　　　　　　　　　　　四层改造后：

图3-23 专教改造前状况　　　　　图3-24 四层教室

五层改造前：

图 3-25　五层专教

五层改造后：

图 3-26　五层专教展陈空间

图 3-27　五层专教教学区

六层改造前：　　　　　六层改造后：

图 3-28　六层教室　　　　图 3-29　六层讨论区

3.2.6　教学总结

（1）以功能为导向的空间设计

本次真实建造的院馆改造通过对建艺学院历史脉络以及专业发展趋势的梳理，设计团队充分调研国际、国内高校建筑学、城乡规划学、设计学等学科发展及现状，从而确立了以功能为导向的设计原则和时空叠合的设计意向。方案设计以功能为目标导向，设计团队充分调研学院发展脉络、学院师生需求，并总结现有建筑使用中出现的主要问题，利用建筑策划学的功能空间列表工具等理论。功能在真实建造中不只是一个房间的简单标签，而是有着面积、实体、边界、体验、人们的行为活动、与其他空间联系等丰富的设计内容。

作为建筑、规划和艺术学的教育空间，院馆改造除了满足基本的教育教学、办公、科研等功能外，更有着促进交流、引发设计学思考的前瞻属性。在此基础上，我们将开放自由的美好愿景对应到本次改造当中，以思想、知识、行为为主体呈现，建筑本身成为人们交流、活动的容器。通过场地独特的区位和周边建筑群关系创造了新的教育空间可能性，对外跳出建筑本身去思考其在校园及社会的意义，对内打破原本封闭的首层建筑界面和内部专业间交流的障碍。在 17 号楼局促的线性空间内部，构建灵活可变、能够自我更新的学习社区。通过精细化设计，为师生提供非正式学习活动空间及共享交流空间，在有限的成本和空间下创造包容多种学习行为的设计教学与创作环境。

（2）毕业设计感言（连武越，朱清尘 北京交通大学建筑与艺术学院）

与其他课程设计不同，在真实建造背景下的毕设课题将我们置于一个更广阔的建筑设计范畴。在前期策划和分析中，我们需要进行教育理念研究和报告，对场地文化和学院历史等方面进行文献调研和资料收集工作，进而探索建筑策划和后评估理论在教育建筑改造更新中的应用。完备的数据和资料收集是后续改造设计的基础，能够规避许多因功能定位不明确、布局不合理产生的设计错误。功能适用性是本次改造的目标核心，而合理的功能布局需要建筑师提出空间构想才能加以完善，进而满足学生和教师的种种行为活动需求，提升空间使用效率，创造独有的空间体验。

从项目策划、前期分析到方案设计、施工和使用反馈，我们在更长的时间跨度中反复跟进和思考设计方案。除了以往常见的设计团队内部讨论、被动地接受任务书外，需要我们主动与使用方、校方、建筑设备等专业、施工方等团队沟通协调，解决在实际施工和使用中产生的种种问题。而经历了这一完整的设计过程，我们对设计的产生到落地有了更切实的体会，在老师的带领下认识到不同阶段建筑师这一角色的作用和责任，了解如何保障设计到建造、落地使用及后评估的连贯性。

作为建艺学院的学生，我们对这栋生活学习五年的建筑有着深切的感情，也在设计中寄托了对于建艺学院未来的美好期望。在实际项目中我们充分了解到建筑功能和使用者行为体验的密切联系，锻炼了发现问题，解决问题和沟通交流的能力。在做毕设的这几个月里，身边的老师、亲人和朋友们都给予了我们最大的关怀和帮助。特别感谢曾忠忠老师、程立真老师的耐心指导和鼓励，感谢同组队友和张博浩同学在设计过程中的建议和启迪。

3.3　传统民居更新改造

3.3.1　题目设计

（1）毕业设计题目

基于风貌保护原则的布依民居宜居性提升研究与方案设计（清华大学建筑学院 2016 级本科生王紫荆）

图 3-30　布依民居宜居性提升改造后实景

（2）训练目标

● 面向既有村寨民居改造的功能策划与空间利用

随着建筑行业从粗放型增量建设转向智慧型存量建设的趋势，同时乡村振兴也成为当前推动行业发展、技术进步的"试验田"，当具有少数民族传统特色的村寨民居需要适应现代化生活进行改造时，建筑设计应如何开始，如何在有限的空间内进行功能策划，需要学生分析行为方式、气候特征、地理环境、传统文化等各种边界条件，并描述出各个空间在不同时间的利用方式，从而成为真实可靠的设计任务目标，后续的设计展开才能有的放矢。

● 以现代生活方式为目标的传统民居改造深化设计方法

现代生活与传统民居之间如何协调，是传统民居更新的核心问题。尤其是在有风貌保护要求的前提下，需要建筑师谨慎地设计建筑外观形态，在实现现代建筑构件和材料应用的同时，保持与村寨整体传统风貌的一致性。此外，室内设计也成为既有村寨民居改造的重点部分，要结合传统建筑结构和空间，进行深化设计，才能让现代生活方式真正提升传统民居空间品质。

● 针对建筑物理环境问题进行改善宜居条件的深化设计

除了宜居功能提升之外，传统村寨民居（尤其是原先面向防御功能聚居）的建筑物理环境不佳，也是限制现代生活舒适性的重要短板。应用现代科学技术手段，学生可以实地测量民居在声、光、热环境等各方面的现状，发现问题、提出设计策略，并在深化设计阶段将技术手段融入改造方案中。在深化设计阶段，学生需要进行软件或实体模型的建筑性能模拟，预判设计策略的效果，作为深化设计的参考，落实在围护结构构造、建筑设备选用等方面。

（3）训练环节

● 现场调研和科学测试阶段

无论是功能策划还是性能提升，现场踏勘都是必不可少的开始。除了对房屋本身的劣化情况、使用方式、所在地段的研究之外，还需要学生观察村民在类似民居中的生活状态，对气候特征、地理环境所做出的最质朴的生活方式应对。只有通过批判性地研究这些生活方式，比较现代生活方式可与之结合的点，才能够做出比较完整的功能策划，并面向最终的建造实施。另外，面向建筑物理环境状态的考察，需要学生使用声、光、热等建筑物理环境测试仪器收集数据并分析；面向风貌保护的目标，也需要用三维扫描仪对现场建筑外观做精细测绘，为后期改造部位的施工方案提供依据。

● 方案设计阶段

本阶段是确定功能策划的重要步骤，需要反复推敲空间利用的全局合理性，主要是体现在不同季节（如农忙农闲、旺季淡季等）不同空间的叠加利用的可能性，以及不同角色（主人或客人，住店或聚餐等）对于不同空间应用的精致需求。同时，结构现状是否支撑空间利用方式，也需要对承重结构、围护结构可改造的程度、范围给出建筑师的目标，而后才能在深化设计阶段与各专业工程师协调论证可实施性。方案设计阶段的成果是常规的总平面、平面、立面、剖面图纸，但更注重空间策划的分析深度。

● 深化设计阶段

本阶段是毕业设计核心阶段，深化设计的内容主要有两个：结合现代生活方式和传统空间形态的室内设计，结合声、光、热环境宜居性能提升和传统建筑风貌的构造设计。

室内设计在建筑策划、方案设计已确定的功能基础上，不仅要完成常规室内设计的空间功能、硬装家具、软装配色等内容，更要面向传统生活不具备的现代设施（如厨房、卫生间）进行精细化设计。

构造设计依据实地采集并分析的数据，通过模拟验证方案设计策略的有效程度，提出在重点部位进行声光热特殊构造连接方法，指定相应的材料工艺，作为与各专业协调深化的做法目标。

（4）成果要求

本科生《综合论文训练》论文 1 篇，5000 字以上；

方案图纸 1 套；建筑物理环境分析模型 1 个。

（5）与实践项目的关联

本项目为科技部"十三五"重点研发课题"村寨适应性空间优化与民居性能提升技术研发及应用示范"综合示范工程之一，参与毕业设计的学生王紫荆完成了该项目从功能策划、方案设计、深化设计的全过程，本工程已于 2022 年底实施完成。

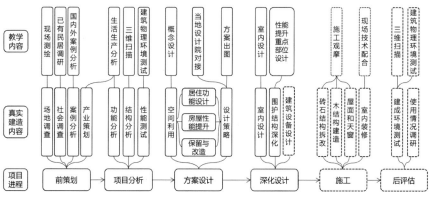

图 3-31　教学环节与内容安排

图 3-32　实地考察

3.3.2　策划研究

本次毕业设计项目位于贵州省安顺市镇宁县城关镇西北部高荡村，属亚热带湿润季风气候区。海拔约 1200~1300m，北纬 26°04'，东经 105°41'，全村约 900 人均为布依族，说布依语和汉语。整个高荡布依古寨已经被划为国家 AAAA 级旅游景区。

图 3-33　高荡村鸟瞰照片

（1）场地分析

设计改造对象杨国井宅位于高荡村东北角，始建于 20 世纪四五十年代。由于高荡村全村依山而建，位于东北角的杨国井宅在全村相对地势较高，站在房屋台阶上向西南方向可以俯瞰全村，景观宜人。杨国井宅与周边房屋间距较小。杨国井宅南侧地坪大约与前一栋房屋檐口齐平；北侧地坪相对南侧有一层的高差（约 2.1m）；西侧山墙紧靠村子中一条较为宽敞的西南—东北朝向的主要街巷；东侧山墙与另一栋已经被改造为乡村工作站和咖啡厅的房屋紧邻。

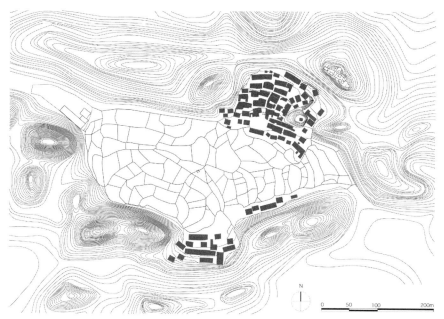

图3-34　高荡村总平面图

图3-35　杨国井宅改造前室内外状态

（2）功能布局

杨国井宅是非常典型的"一正两侧三开间"式的传统布依族石木结构民居的形制，南北划分两个进深，地上地下共两层，占地面积约100.57m²，建筑面积约168m²。在过去，下层为牛圈，上层为住宅，阁楼作为粮食贮藏功能使用。进门是堂屋，作为祭祀使用；堂屋背后是使用石头搭建的火塘。两侧开间南侧均为卧室。阁楼位于两侧卧室上方，作贮藏粮食、干燥粮食、腊肉等食品之用。目前无人居住，房屋呈废弃状态。

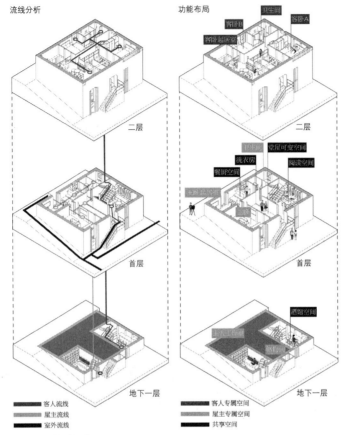

图 3-36　各层功能策划示意图

（3）外围护结构及木屋架结构现状

杨国井宅的围护结构皆为传统石头砌筑的灰白色墙体，房屋外墙四角基部采用较为平整的条石。从测绘后得到的 3D 扫描结果来看，整个建筑墙体有明显的倾斜角度。山墙朝南两侧挑檐处有凸出的龙口，是布依族传统的建筑装饰之一，非常有民族特色。从技术上说，传统布依族民居墙体很厚重，门窗面积受到很大限制。功能上来看，由于历史上的战争和局部冲突，坚固的石墙上只开小窗，有利于避险和防守。

室内木屋架比较老旧，柱子之间排列紧密，所有梁柱皆为圆形截面木材。木梁多处变形和缺失，山墙上可见原先木梁搭接留下的孔洞。屋面在木屋架结构的椽子上直接铺天然不规则黑色石片，屋顶长期无人维修和更换，有漏雨情况。

（4）建筑物理环境现场调研

● 声环境

在房屋室内，由于石墙较厚，隔声效果较好。无论屋外是否有人声，无论在室内哪个区域进行测试，室内都非常安静，但是室内各房间之间没有隔声措施，因此在后续的改造设计当中，对上下层间、卧室和公共空间之间的隔声问题，应给予一定的关注和考虑。

● 光环境

由于气候原因，高荡村全年以阴天为主，自然光条件并不充足。在实地测试中，阴天室外条件下的照度约为 15.0klx。

杨国井宅的门窗较小，室内光环境非常昏暗。在开门的情况下，室内门口处的光照度为 6.0klx，相比于室外 11~15klx 的天光照度，在刚进门的情况下照度就减少了一半。越往室内，照度越低，在堂屋背后的火塘处只有 0.3lx。因此，在后续的设计中，对于光环境的改善应当成为改造设计的中心议题之一。

● 热环境

布依族民居在热环境性能方面的特点是夏凉冬冷。目前，村子内已经很少采用传统火塘取暖，而是使用电暖器、电炉子等现代化取暖设备进行冬季采暖。在冬季最低温度下，布依族传统民居的居住体验并不舒适。因此，在后续的方案设计中，在热环境方面宜居性能提升的核心是冬季保温和室内采暖。

3.3.3 建筑改造方案设计

（1）功能策划

当地政府在获得杨国井宅的开发和使用权后，希望将其改造为布依族特色民宿经营使用，从而促进高荡村的旅游发展。同时，作为国家"十三五"重点研发计划示范项目民居改造点，本次改造成果也是对未来当地旧屋改造修缮和新民居的建设提出一些创新性的构想和在空间、技术上的示范。

（2）空间关系

布依族传统民居以"一正两侧三开间"形式进行空间关系的组织，将堂屋空间作为整个建筑的枢纽。改造后的杨国井宅整体的空间逻辑没有改变。

祭神祭祖

改造后房屋以堂屋空间为核心，在首层与地下层中，东南侧为主人空间，西南侧是主要供客人使用的公共空间；后间是主要供主人使用的公共空间；地上二层为客人居住和起居空间。室外进入室内有约一层层高的抬升。

布依族蜡染艺术展

西侧的地下层作为主人的工作室。地下一层与首层使用爬梯连接，并有一定的通高空间达成上下视线的交互。首层后间为小型起居空间，餐厨空间没有隔断、视线连通。堂屋东侧有一条"光走廊"，分担堂屋在交通上的作用，组织前后间关系，后间在后墙东侧开门，完成了"正门—主人工作室—主人卧房—厨卫与起居—后门"的主人流线。东侧的三层之间使用双跑楼梯连接上下交通，首层和地下层也有部分通高空间完成视线交互；二层以走廊形式连接各个空间，核心交通枢纽为楼梯，所有的走

节日聚餐

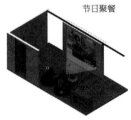

家庭影院

图 3-37　可变客厅空间功能策划

廊空间都从楼梯口汇集。总体上，完成了"公共空间—楼梯—客人卧房—起居"的客人流线（图 3-36）。

（3）平面布局

改造后，针对四十多岁、在家工作、子女在外的民宿经营者夫妇的需求，在东侧配有工作室与卧室，比较集中。卧室后间是与餐厨空间相连的小起居空间，在冬季与卧室共同组成最小居住空间单元。

针对外来客人的各类需求，充分展示民族特色和民宿空间品质，在方案里设置多样化的公共空间——阅读空间由楼梯下书架、靠山墙

的高书架、靠近通高空间的矮书架围合而成，可以满足站立、就座、席地而坐等各种人体尺度。酒吧空间有吧台和散座，配套有冷藏饮品的冰箱和酒柜。二层起居空间有沙发和屏幕，满足交谈、娱乐等需求，旁边的阳光房空间根据需要可改造成不同形式，例如园艺空间、儿童娱乐空间等。

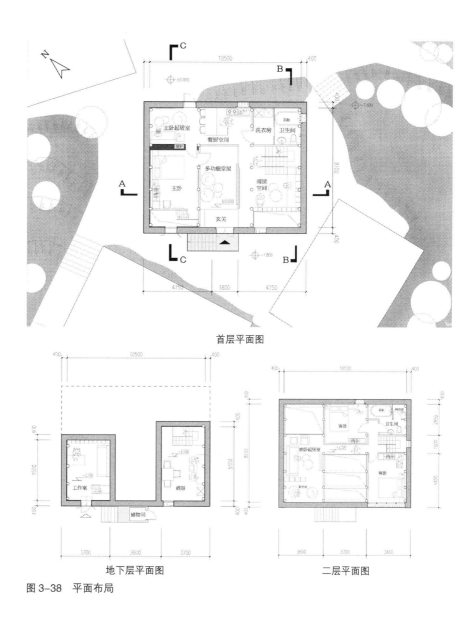

首层平面图

地下层平面图　　　　　　　二层平面图

图 3-38　平面布局

堂屋空间作为可变空间，在不同的需求下，滑动隔墙可用作不同的空间划分。过节祭祖时，堂屋的神龛下设置长桌用作祭祀使用；遇到重大事件时，堂屋可作为宴请空间；日常使用时，堂屋可作为起居客厅；夏季游客多时，可以将可变墙体作为投影面，使用投影仪用作家庭影院；冬季无游客时候，可以将东侧空间完全封闭（图3-27）。

（4）立面与屋顶设计

四面石头墙体仍按照传统方法砌筑，保持原有自然肌理。南立面作为主要采光面和观景面，开长条窗与檐下窗，门窗上沿平齐，约为墙体竖向高度的三分之二，两扇长条窗分别为东西两侧的通高空间提供自然光。檐下窗开在二层南侧客卧，同时为该房间居住的客人提供俯瞰全寨的观景视角。东西山墙立面各开一小通风窗，保证建筑内空气流通。东侧山墙作为次要观景面，在楼梯和浴室分别开小观景窗，面向东侧乡村工作站庭院景观。西侧山墙临近村内街巷，尽量维持原貌，不破坏村内传统建筑景观。北侧开一长窗，保证首层走廊采光和二层北侧客房通风采光。长窗的格栅可以根据需求转动，在立面和室内形成连续的韵律和光影变化。

屋顶仍用不规则石片层层铺开，但在石片与木屋架之间加望板，在

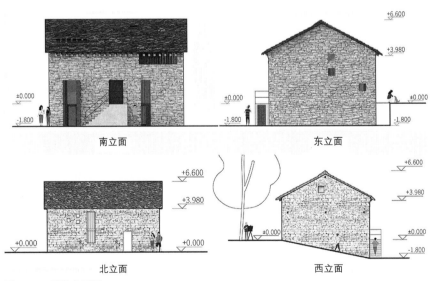

南立面

东立面

北立面

西立面

图3-39　建筑立面图

望板上开窗洞，在其上的屋顶用玻璃瓦替代石板瓦。屋顶西南角开一排天窗，堂屋上方靠近檐口处开小天窗为室内补光。整体遵循原则为在俯瞰整个古寨时不破坏传统黑色石片屋顶的肌理。

（5）屋架结构设计

设计替换原先的老旧屋架，将屋架与山墙脱开，不再将梁直接搭接在山墙上，而是在紧靠两侧山墙处各设置一榀屋架。木柱位置基本保持不动，同时将屋架高度增高 1m，让层高变高，将二层靠近屋檐处梁下高度调节为人可直立的高度。在二层需要的部分加梁加固，在一层餐厨空间处为了保持空间的连续，将柱的首层部分减去。在椽子上加望板，保证屋顶的气密性。

（6）室内设计

室内墙体不承重，不加明显墙裙，在墙角处做内凹角的踢脚，保证墙面整洁美观。在对内部空间品质要求较高的部分外墙内表面做涂装，主要为靠山墙的卧室、工作室的两面墙体和酒吧的楼梯背景墙。整体色调为带有石墙体肌理的灰色、木色地板、白色内墙和天花板，点缀以黑色涂料的金属栏杆，低调大方。室内家具也以木色和黑白灰为主，仅在室内装饰上加小面积彩色点缀。室内整体照明风格以暖色调为主，整体氛围仍然采用传统布依族民居中相对昏暗的风格。

A-A 剖面图

B-B 剖面图

C-C 剖面图

图 3-40　剖面图

3.3.4 宜居住宅性能提升研究与设计

（1）光环境性能提升

● 扩大立面开窗面积

杨国井宅现状的门窗都比较小，采光能力很弱。主要采光面是南立面，因此最直接的改造方法就是扩大南立面窗户的面积，原本南立面的门窗面积与整个立面面积的比例约为 1：20，改造后南立面门窗面积与整个立面面积比例为 1：5.65，南立面的采光面积得到显著提升。主要的窗户形式是将原本的窗和地下层门洞打通形成的长条窗和抬高屋架后形成的檐下横条窗。同样，北立面、东西山墙也增加了窗的数量和面积，这样做不仅有利于观景，也利于采光通风。

对照组：
室外阴天光照度：11.06klx
室内檐口下方：40.3lx
采光系数：0.36%

对照组　南侧天窗 ——————————— 北侧天窗

图 3-41　使用 1：10 模型进行自然采光模拟测试

● 屋顶天窗

由于高荡村一年四季以阴天为主，自然光照度本身并不强，立面上的窗户能起到的采光提升效果有限，需要配合屋顶天窗加强采光效果。屋顶西南角开较大面积的屋顶天窗，起到为二层起居空间引入自然光的作用。窗洞开在望板上，屋顶正常铺设石片，在望板开窗洞处将石片换成玻璃片，既能保持屋顶的不规则肌理无明显破坏，又能在室内得到一个形状规则有韵律感排列的天窗效果。在之前的实地调研中，发现檐口处的光照度较低，故在此处开天窗采光。

设计在堂屋东侧加了一条走廊，在走廊尽头开长条窗、屋顶开天窗，将走廊照亮，形成一条光走廊，不仅有利于采光，也标示出了空间上的组织关系，让室内流线更有效率。

为了进一步研究屋顶天窗开窗位置对室内的采光效果影响，笔者制作了1:10的建筑模型在阴天条件下进行模拟实验，将屋顶不同区域的石片替换成玻璃，用照度计测试室内的光照度，选择最佳开窗点（图3-41）。

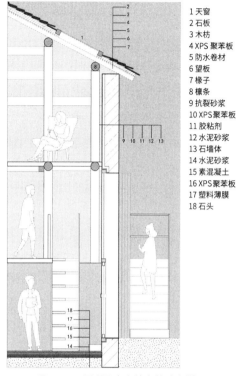

1 天窗
2 石板
3 木枋
4 XPS 聚苯板
5 防水卷材
6 望板
7 椽子
8 檩条
9 抗裂砂浆
10 XPS聚苯板
11 胶粘剂
12 水泥砂浆
13 石墙体
14 水泥砂浆
15 素混凝土
16 XPS聚苯板
17 塑料薄膜
18 石头

图3-42　屋顶天窗和墙身构造大样图

● 室内照明

因气候条件决定了室外自然光的强度有限，故建筑需要在最大限度利用自然光的情况下使用室内照明提高亮度。但是室内人工照明光照度不宜过强，否则会对传统民居的室内氛围造成破坏。室内照明方案重点应用于主卧和一些公共空间中——在主卧天花板四边加条状的局部吊顶隐藏管线，内部设条状灯带，在工作室、酒吧、阅读空间、娱乐空间、餐厨等空间使用吊灯、射灯等。

（2）热环境性能应对

由于夏季气候适宜，不算炎热，因此在性能提升中基本不考虑夏季降温的问题，重点问题是冬季采暖和保温，本方案使用了火墙和壁炉结合的主动式采暖和对门窗结构设计的被动式保温两种策略。

● 主动式采暖：以火墙为中心的最小居住模块

火墙是一种利用炊事余热回收为室内空间供暖的采暖系统，其工作原理是通过墙体壁面蓄热性能来储存炊事期间产生的烟气热量，并将积累的热量释放到室内来提高室内舒适度。

壁炉设置在火墙下方，面朝一层西侧后间的起居室，背靠主卧。火墙南侧是主卧，北侧是主卧起居室和餐厨空间。在冬季，主卧南侧与工作室之间拉隔热帘；在餐厨使用完毕后，在主卧起居室与餐厨空间中间拉隔热帘对空间进行封闭，形成以火墙和壁炉系统为中心的最小居住模块。起居室通过壁炉燃烧直接取暖，在夜晚入睡前为壁炉添加燃料，使其燃烧放热加热火墙，在主卧内将床靠近火墙放置，直接取暖（图 3-43）。

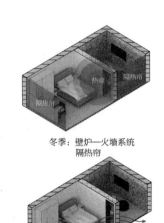

冬季：壁炉—火墙系统
隔热帘

夏天：开敞通风

图 3-43　最小居住模块的冬夏季使用方式

● 被动式保温：门窗结构设计

为了保证密闭保温的性能，在门窗外加格栅系统，在冬季或夜晚将格栅封闭，从而使建筑围护结构形成一个密闭整体，减少热量散失。在窗洞边缘装金属构件和金属轴，在金属轴上加可以 360° 旋转的 20cm 宽的木格栅，居住者根据不同情况下遮阳、采光、保温的需求，可随时调整格栅的方向。在没有格栅的通风窗处，使用双层玻璃保证窗户封闭时的气密性。

图 3-44　保温窗的构造层次示意图

（3）声环境性能应对

在实地调研中，发现布依族传统民居的室内外隔声效果非常显著，不需要进一步加强，但是室内各个房间之间无隔声措施，本方案从加隔声楼板的主动性策略和室内功能布局设计的被动式策略两个层面对问题加以解决。

● 主动隔声：隔声楼板

在二层客卧与首层公共空间之间的楼板处做隔声处理，即在二层的木楼板铺装上加 80mm 轻质混凝土隔声材料形成隔声层，之上再铺放木地板，以避免二层卧室楼面撞击声影响首层卧室。

● 被动隔声：功能分区设计

将主人卧室、工作室、起居室一体化，与客人使用区域分离，各自处于建筑东西两端，在楼层上也进行分离，从而最大限度避免来自主人方面和客人方面的声音的相互干扰，也保证了隐私性。同时，将最可能产生噪声的公共空间集中在东侧地下层和首层，集中通过隔声材料解决隔声问题。

3.3.5　教学总结

（1）风貌保护原则下的民居研究与改造设计

在保留传统特色的基础上，建筑师应当探索民族特色与现代技术的融合，最终达到改善传统建筑宜居性能的目的。这个过程也有利于让优秀的传统文化为更多人所知，帮助乡村经济重新振兴。

针对实地调研和归纳后，方案提出的在建筑声、光、热等相关技术方面的解决策略，制作合理尺度的建筑模型进行实验探究，来验证相关解决办法的有效性。针对不同需求，对建筑设计方案进行调整和横向比较。对于建筑在不同季节、不同时间段、不同功能需求的情况进行讨论，整合建筑最小空间模块，并对不同的方案进行对比，寻求最优解。

通过该项目训练，对布依族传统民居改造的方案设计和宜居性能提升策略的研究，以实际问题为导向，结合国内外案例研究和技术储备，因地制宜地给出解决策略和改造方案。

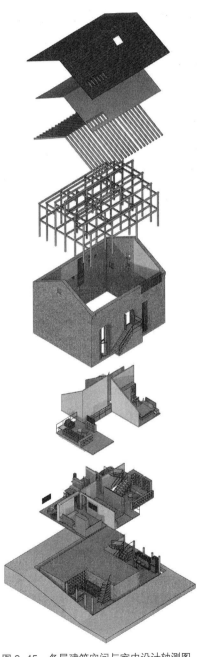

图 3-45　各层建筑空间与室内设计轴测图

（2）毕业设计感言（王紫荆 清华大学建筑学院）

本项目在指导教师的指导下，我看到建筑设计从概念到准备落地过程中的每个细节，让我更加意识到脚踏实地对于建筑师的重要性。在从设计到落地整个过程中，有太多的在设计和技术方面的疑问，需要指导教师和其他技术团队的人员给予解答和帮助，这个过程虽然琐碎而艰难，但看到问题逐渐得以解决，离项目落地越来越近，让我重拾了对建筑设计的热情。

感谢朱宁、周政旭老师在毕设过程中给予的持续不断的支持和指导。老师们对科研专注行动力强，对设计方案的细致推敲、精准把控，对乡村的真实热爱，让我感受到了作为建筑人的细致追求与情怀操守。感谢安顺市建筑设计院，实地调研的数据获取和设计方案的最终形成与当地工作人员的协助和付出密不可分。

第4章

性能导向真实建造的毕业设计

当前，我国建筑行业朝着可持续发展的"双碳"方向在努力，对建筑的品质要求越来越高。这种品质可以用性能来诠释，比如功能灵活、健康舒适、节能减排、快速精确建造、美观耐久、可持续更新等。建筑设计需要更加关注建筑的性能，才能进一步提升建筑品质，推动行业的新发展。

4.1　教学框架

4.1.1　教学目标

以塑造建筑品质为理念，通过面向真实建造的设计研究，提升学生对工业化绿色集成技术的学习应用能力，并实现设计创新。

4.1.2　教学重点

（1）以性能为导向的建筑设计

要求学生从"性能"出发重新理解建筑、设计建筑。性能反映了建造建筑的根本目的，建筑要实现对所处环境的积极作用，促进功能效率的提升，促进物理性能的提升，促进人体验感和舒适度的提升，降低资源、能源、时间的消耗，在全生命周期内实现建筑性能可持续性、可循环性。

（2）以性能为导向的建筑技术集成应用

对影响性能的建筑技术进行研究学习，理解技术应用的各种工艺环节，针对性能目标进行应用设计与建造模拟。建筑技术涵盖绿色建筑技术、装配式建造技术、信息技术等。

4.1.3　教学环节

（1）学习研究

本阶段要求学生首先学习掌握设计项目的基本设计条件，如规范、场地设计条件、场地环境与历史文脉等。其次对设计目标进行研究，包

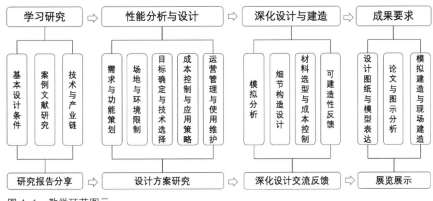

图4-1　教学环节图示

括案例学习、文献学习等。同时学习与设计目标相关的技术企业、产品性能、生产工艺、实施流程、建造成本等内容。学生对学习研究内容进行总结汇报，教师进行讲评。

（2）性能分析与设计

学生针对设计目标进行性能问题解析并提出基本的设计策略。性能问题分析包括需求分析与功能设定；场地环境限制下的功能和技术问题；建造产品工艺的选择判断；建造成本控制下的目标配置、使用与维护等内容。学生基于性能分析形成设计方案进行汇报。

（3）深化设计与建造

学生针对设计策略进行面向建造的全系统深化设计，基于选定的技术策略，进行模拟分析、材料选型、细节构造设计，并进行成本核算与控制。教师邀请施工企业、产品企业、其他工程专业的工程技术人员参与学生设计图纸的汇报、讨论和评估，反馈修正设计细节，完善可建造性，并基于深化设计进行数字化模拟建造。

（4）成果要求

毕设成果要求学生通过详细的设计图纸、模型、建造模拟、论文等内容来呈现设计成果。在条件具备的情况下开展现场实际建造工作，进一步检验反馈设计成果。

4.2 创客空间

4.2.1 题目设计

（1）毕业设计题目

可移动校园创客空间（北京交通大学建筑与艺术学院 2012 级本科生张锦）

（2）训练目标

毕业设计题目要求为北京交通大学威海校区设计一座多功能的绿色创客空间，可快速拆卸组装，并方便位置调整适应场地变化。要求学生运用建筑学及相关拓展领域的基础知识及综合解决问题的能力，针对可移动校园创客空间进行策划研究，掌握校园公共设施的功能特点，形成科学的功能配置和合理的运营模式，并通过工业化集成技术的应用来实现校园创客空间的快速建造、可移动性和功能弹性，以产品化的视角来实现从策划到建造的一体化设计。

（3）训练环节

● 学习研究阶段

学习研究校园的特有环境与生活方式；学习研究可移动临时性建筑的国内外相关资料，如法规、规范、案例、文献等；学习研究咖啡馆、连锁超市、连锁快餐等连锁品牌服务的空间构成特点；学习研究工业化快速建造集成技术：类型与结构、组合与建造、技术难点与要点、设计手法、界面材料与产品类别、细部构造、系统集成方式等。

● 性能分析与方案设计

对前期问卷与调研数据进行梳理，分析确定功能定位与运营模式、选址、功能配置与空间规模、设施标准与氛围要素、成本控制与可复制性等方面的内容；选择确定快速建造、可移动的工业化技术体系；形成初步的建筑设计方案，与指导教师、创客团队进行讨论，并调整初步方案。

● 深化设计与建造

考察相关的材料产品制造商掌握实际材料与产品的性能信息，根据成本限制选择适宜的材料和产品进行设计模拟，应用于各界面的构造、细部的设计中。邀请产品厂家、施工企业、加工单位、结构水暖电工程师等专业人士参加方案汇报与讨论，对方案设计的可建造性进行反馈调整。

（4）成果要求

毕业设计论文、设计图纸、实体模型、建造模拟分析与展示动画。

（5）教学环节安排

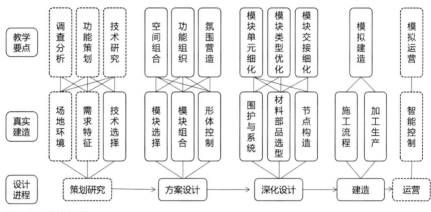

图 4-2 教学环节

4.2.2 策划研究

（1）环境分析

● 讨论引导

教师带领学生踏勘，讨论并提出系列引导性问题：环境特点与场地现状条件是什么？项目建设希望产生什么样的目标效果？创客空间需要配置何种功能与规模？创客空间的格局对校园环境会产生怎样的影响？

● 现场调研

北京交通大学威海校区位于山东威海市南海新区。校园建设一期工程已于 2014 年 8 月底完工，总建筑面积 10.6 万 m²，包括综合楼、教学楼、图书馆、学术交流中心、宿舍楼、餐厅和校医室等。基地位于校区的东北角，现状为校园草地，位于校园交通主环线一侧，紧邻学生宿舍和学生食堂以及主教学楼，人流量密集。目前场地存在的问题：于外教

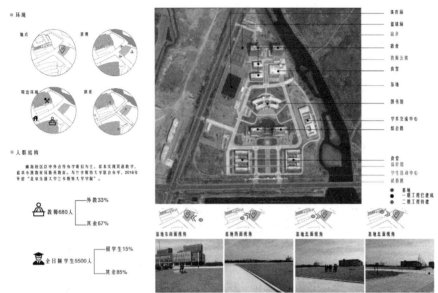

图 4-3　场地现状分析

而言，无充足办公空间，只能待在食堂进行办公；于国外留学生而言，缺乏群体交流场所；于普通学生而言，无课外休闲场所，课外娱乐交流场所少；于学校而言，活动举办地紧张，无法安排更多元的校园活动。场地周边空间充裕，但功能单一氛围消极，无法满足师生们日常的学习生活诉求，有必要创造一处多功能的场所来激发校园活力。

（2）功能策划与技术研究

针对目标设定，需分析总结大学生的行为方式和功能场所需求，拟列功能构成、空间规模与运营模式。研究多种工业化技术如何匹配空间需求、空间规模和快速建造的性能需求。

经过学习研究，初步确定利用标准集装箱作为结构模块进行设计。集装箱在建筑空间的使用上，优势很明显：

①运输方便，适合拆装更换地点。

②坚固耐用，全部由钢制组成，稳定牢固，防震性能好。具有很强的抗变形能力；密封性能好。

③水密性好，很强的密封性和防水性。

④加工方便性，可以任意拆装切割和焊接。

⑤物美价廉，可重复利用。

⑥视觉观赏性，工业味十足的设计感，怀旧感，较强的视觉冲击力。

此外，集装箱也存在不可避免的缺点，在集装箱的再利用时，要充分考虑进行针对性的防护。

①耐腐蚀性差，用其做建筑空间设计需要抬高基座或者设计隔离层。

②隔声性差，室内空间设计时要采用隔声处理等手法。

③保温性差，由于封闭主要材料是厚度 2.5~3.0mm 钢板，热传导较强，冬冷夏热。

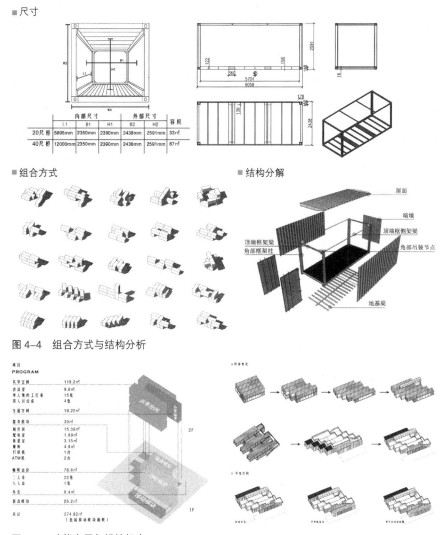

图 4-4　组合方式与结构分析

图 4-5　功能布局与模块组合

4.2.3 方案设计

（1）讨论引导

如何利用集装箱的结构特点，实现空间模块匹配功能需求？形体组织如何回应场地环境？内部空间如何实现灵活性、多样性和氛围塑造？

（2）模块组合与功能组织

由 8 个 1A 海运集装箱（《集装箱外部尺寸和额定质量》GB 1413–2008）和一个 1.5m × 12m × 6.4m 轻钢结构的交通空间组成。设置上下两层，上层功能为共享空间，学生和教师可以在这里使用工位和讨论桌。下层为服务模块和咖啡运营，提供基础的服务功能，如咖啡制作、厕所、打印机、ATM 机等。其中，最南侧的集装箱为可租赁空间，通过移动格栅与主空间进行分隔。可分成两个 2.4m × 6m 的空间或者一个 2.4m × 12m 的大空间。同时这个集装箱也是抽屉空间。当活动空间抽出时，面积增倍。师生在技术性设计方面的讨论主要包括：外墙保温、地面保温、屋面排水、上人屋面、种植屋面、集装箱接缝处理、通风设计以及光伏屋面等方面。

（3）模块质感与氛围营造

利用集装箱的质感、尺度、模数塑造多元统一的空间，灵活运用色彩、光线、家具等低造价的手段来营造空间氛围。

4.2.4 深化设计与建造

（1）讨论引导

要采用工厂定制化的模式进行加工建造，就需要提前对各个细节进行模拟。首先需要对各个实体模块进行深化设计，其次明确围护结构的材料选择和构造方式；最后是模块的连接方式和节点构造。这部分工作在施工单位与厂家的共同协助下完成。

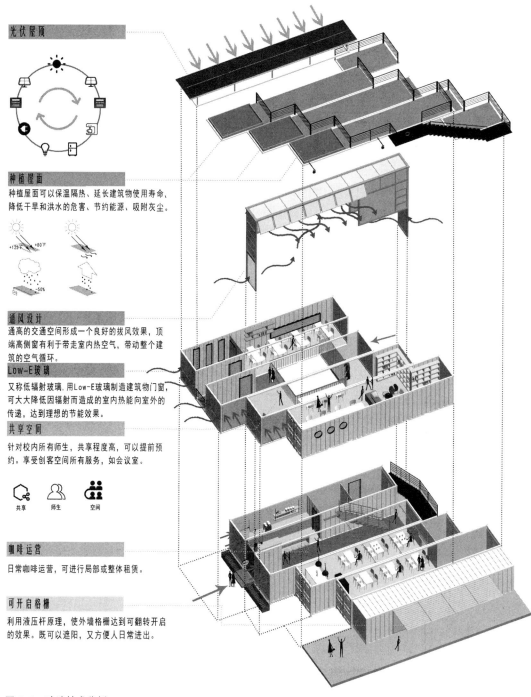

光伏屋顶

种植屋面

种植屋面可以保温隔热、延长建筑物使用寿命、降低干旱和洪水的危害、节约能源、吸附灰尘。

通风设计

通高的交通空间形成一个良好的拔风效果，顶端高侧窗有利于带走室内热空气，带动整个建筑的空气循环。

Low-E玻璃

又称低辐射玻璃。用Low-E玻璃制造建筑物门窗，可大幅降低因辐射而造成的室内热能向室外的传递，达到理想的节能效果。

共享空间

针对校内所有师生，共享程度高，可以提前预约。享受创客空间所有服务，如会议室。

共享　师生　空间

咖啡运营

日常咖啡运营，可进行局部或整体租赁。

可开启格栅

利用液压杆原理，使外墙格栅达到可翻转开启的效果。既可以遮阳，又方便人日常进出。

图 4-6　建造技术分析

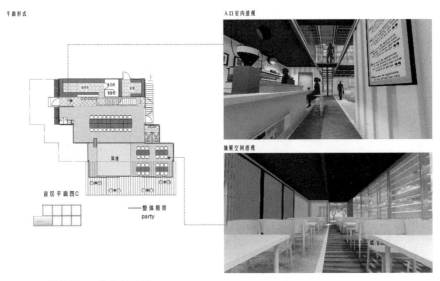

图 4-7　首层平面图与场景透视

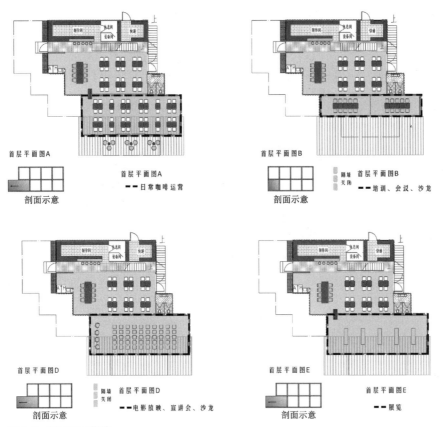

图 4-8　平面形式推敲

图 4-9 室外效果图

图 4-10 室内效果图

（2）模块深化设计

深化内容包括模块类型，门窗类型、围护墙体类型和构造方式等内容。

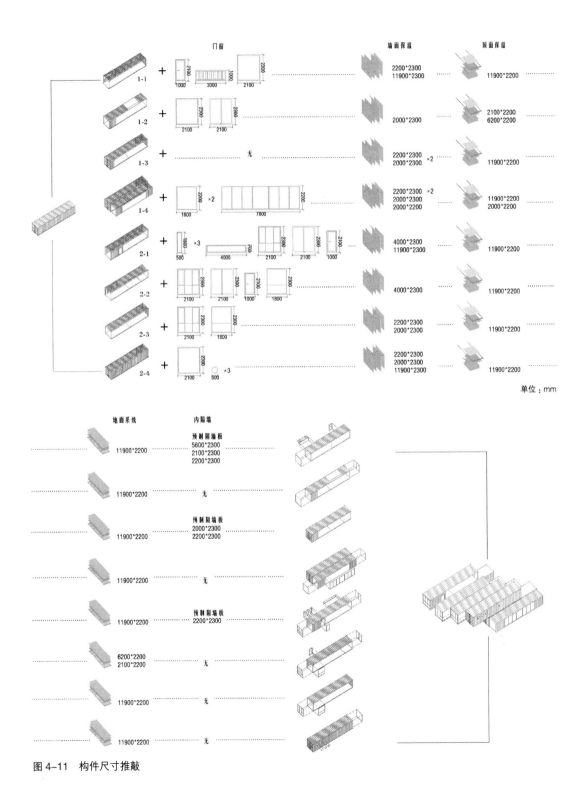

单位：mm

图 4-11　构件尺寸推敲

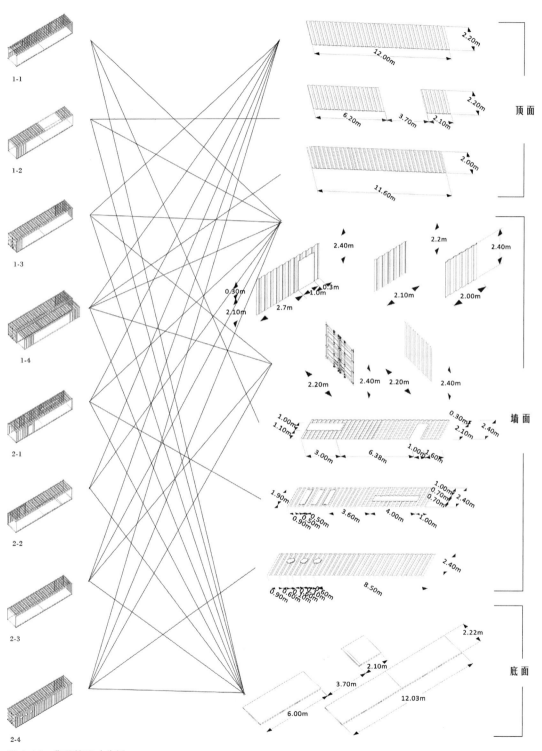

图 4-12 集装箱尺寸分析

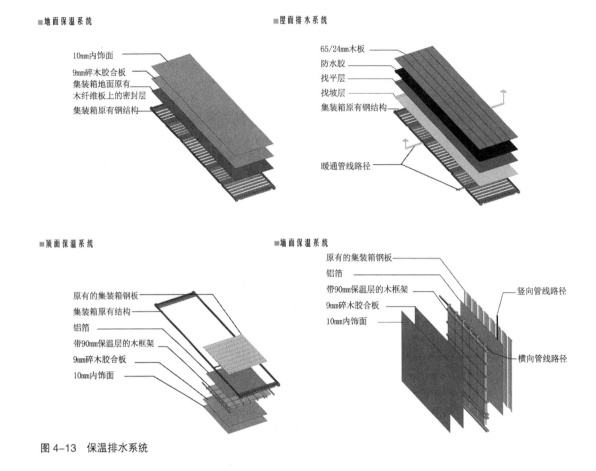

图 4-13　保温排水系统

（3）连接节点

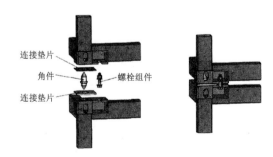

图 4-14　连接节点

（4）模拟建造

在施工单位的指导协助下运用电脑模型进行实际建造模拟。

建筑材料	样式	尺寸（mm）	数量
木龙骨		40×90×2400	966根
保温材料——岩棉板		410×410×90	1834块
石膏板		1200×2400×10	154块
铝箔		宽度240 厚度0.01	402㎡
方格地毯		1700×2400×1	54块
碎木胶板		2200×11900	16块
预制隔墙板		5600×2300　　2000×2300 2100×2300　　2200×2300	5600×2300×1　　2000×2300×3 2100×2300×1 2200×2300×3
门		1000×2100　　7800×2200 2100×2300	①×3　②×3　③×1
窗		3000×1000　　500×1800 4000×700　　1800×2200 2100×2300　　1800×2300 2100×2300　　d=600	①×1　②×3　③×1　④×2 ⑤×3　⑥×2　⑦×4　⑧×3

图4-15　材料分析

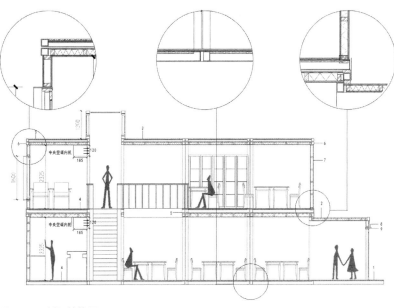

1. 65/24mm 木板
2. 钢板屋顶；铝箔；
带 90mm 保温层的木框架；
黏结固定 10mm 方格地毯的 9mm
碎木胶合板
3. 上人屋面：65/24mm 木板；
防水胶；找平层；找坡层；
原有集装箱钢构件
4. 10mm 方格地毯，黏结固定在
9mm 碎木胶板上；
集装箱地面原有木纤维板上的密
封层；
集装箱钢构件
5. 焊接金属板覆层
6. 集装箱原有钢构件
7. 原有集装箱钢板；
铝箔；带90mm保温层的木框架；
黏结固定 10mm 方格地毯的 9mm
碎木胶合板
8. 170/35/5mm 周边角钢（三面
9. 木框玻璃门

图4-16　剖面结构图

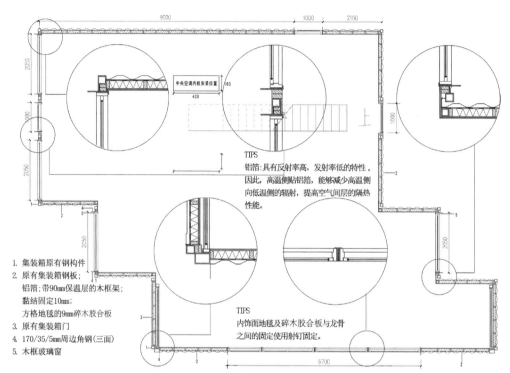

1. 集装箱原有钢构件;
2. 原有集装箱钢板;
   铝箔;带90mm保温层的木框架;
   黏结固定10mm;
   方格地毯的9mm碎木胶合板
3. 原有集装箱门
4. 170/35/5mm周边角钢(三面)
5. 木框玻璃窗

中央空调内机安装位置

TIPS
铝箔:具有反射率高, 发射率低的特性。
因此, 高温侧贴铝箔, 能够减少高温侧
向低温侧的辐射, 提高空气间层的隔热
性能。

TIPS
内饰面地毯及碎木胶合板与龙骨
之间的固定使用射钉固定。

图 4-17　首层平面结构图

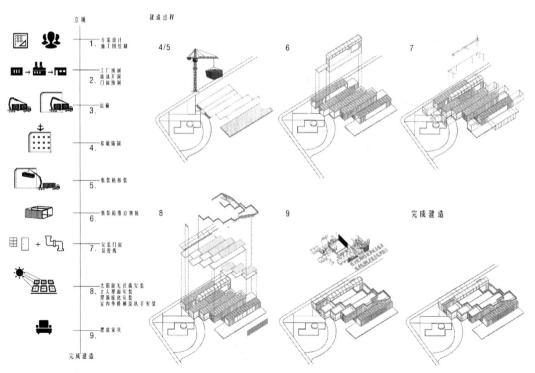

图 4-18　模拟建造

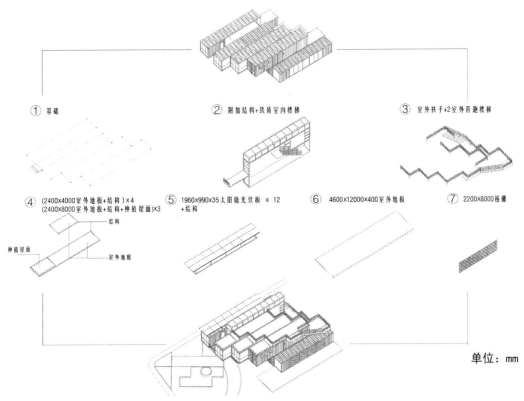

① 基础　　　　　　　② 附加结构+铁质室内楼梯　　　　　③ 室外扶手+2室外直跑楼梯

④ (2400×4000室外地板+结构)×4　⑤ 1960×990×35太阳能光伏板 × 12　⑥ 4600×12000×400室外地板　　⑦ 2200×8000格栅
　 (2400×8000室外地板+结构+种植屋面)×3　　+结构

种植屋面　　　　　室外地板

单位：mm

图 4-18　模拟建造（续）

（5）运营模拟

为了提升创客空间的运营及维护的效率，学生需要构思运用智能化控制系统，使空间的使用管理呈现智能化特征。利用手机 App 可进行预约和局部控制。

图 4-19　运营管理

标 识 设 计

CHOICE ONE

特点:

　　抽象提取集装箱方形形态,使用不同色块的堆叠,模拟现实集装箱港口状况。用集装箱的条形纹理装饰色块,并有鲜明BJTU标志。同时配改型文字,呼应具体功能。

CHOICE TWO

特点:

　　运用简单大方的彩色英文名字进行说明。简洁大方。同时配有集装箱标志。

CHOICE THREE

特点:

　　抽象提取集装箱方形形态。整体底色运用较为浅的灰色,突出6个方形模块上的功能示意及集装箱纹理示意。

APP页 面 设 计

缓充页

主页面

环境调节
页 面

环境页面

菜单页面

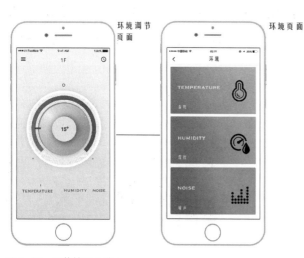

图 4-19　运营管理（续）

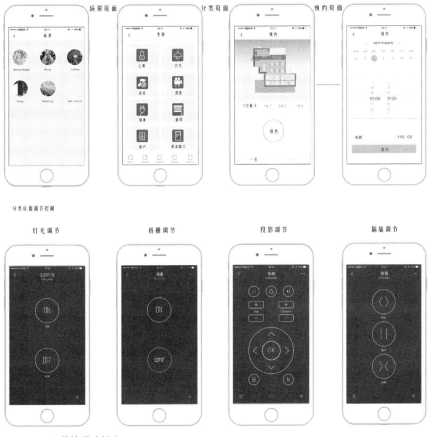

图4-19 运营管理（续）

4.2.5 教学总结

（1）基于功能策划的模块化策略

北京交通大学威海校区的创客空间为师生们提供了一个分享创新技术、创新思想，营造创新文化的空间，是集学习、工作、休闲、娱乐等活动的多功能场所。创客空间不仅对建筑提出了空间功能和氛围的要求，也对快速建造、建设运营一体化提出了要求。学生不仅需要掌握策划研究的方法，还需要找到匹配的技术策略来完成设计。教学过程中的前期学习研究非常重要，正是在设计之初研究选择了集装箱作为结构体系和空间模块，形成了模块化的设计起点，从而为后续方案的深化奠定了基础。

（2）以建造为目标的深化设计

以集装箱为结构和空间模块，为设计提供了成熟的建造技术体系。因此，深化设计就可以围绕模块单元、模块组合、附加模块开展深化工作。关键内容就是模数控制、减少部品种类、优化连接节点、优化选材和构造方式、保证安全稳定、隔热保温、防水等品质需求。同时也利用色彩质感、光线组织、家具搭配来营造室内外的空间氛围，形成一个从外到内具有高完成度的设计。

（3）毕业设计感言（张锦 北京交通大学建筑与艺术学院）

从提出毕业设计的选题到完成一份满意的毕业设计作品，这个过程虽然辛苦，但是充满了思想的碰撞，反复的纠结以及对建筑设计的热情与憧憬。设计之初，我对集装箱建筑一无所知，对创客空间一知半解，但是怀着对呈现一份好的毕业设计的热情，我进行了大量的前期调研和考察，对相关案例进行了充分的分析，并总结出了对自己设计有用的设计理念及相关技术。在设计过程中还是会遇到一些技术困难，包括实际建造中的各种建筑构造问题以及一些软件的运用。但是想要完成设计构想的效果，就必须充分使用相关的技术。我大量查阅资料，边学边设计，最终克服了其中的困难。在这个过程中，感谢曾忠忠老师及陈泳全老师对我的帮助及教导，没有他们一次次提出问题并带我们参观相关案例，我可能想不到这个课题更深入的问题，也感谢他们在这次毕设过程中一些重要时间节点的把握，让我的毕业设计有了完整的呈现。

4.3 草原方舟

4.3.1 题目设计

（1）毕业设计题目

1. 严寒地区装配式小住宅围护结构热惰性组合策略研究与细部设计（清华大学建筑学院 2016 级本科生王一桥，节选）

图4-20 中国国际太阳能十项全能竞赛（SDC）清华大学学生团队建筑作品建成实景

2. 严寒多风地区小型住宅建筑可持续设计策略研究与细部设计
（清华大学建筑学院 2016 级本科生寸兴然，节选）

（2）训练目标

● 基于性能保障的围护结构深化设计方法

真实的建造竞赛项目要求维持非常稳定的建成室内环境，对围护结构的热工性能提出了严格的要求。工厂预制、现场装配的快速建造方法也给严丝合缝的围护结构带来了挑战。同时，围护结构设计还需要响应建筑外观的细部设计精致、美观的需求。因此，作为对已有方案进行围护结构深化设计的题目，要求学生兼顾性能、建造、完成面表现等多方面因素，最终在节点构造中达成所有目标。

● 高性能被动式围护结构节点构造细部设计

被动房（Passivhaus）是源于德国的一套完整的围护结构设计体系，但针对具体气候、性能、成本需求，会有具体的改变与取舍；学生需要在分析被动房的基本原理和材料构造方法的基础上，整合相关产品并设计其相互的连接关系，尤其是面向真实建造的热工、气密等可实施性设计，保障高性能被动式围护结构切实落地。

● 以建筑热工基本概念为基础的围护结构创新构造设计

针对室内环境严格控制的要求，以及围护结构较低成本的限制（相对德国被动房），经过对现有钢结构冷热桥部位构造分析，为简化其构造同时提升性能保障，学生提出了利用相变材料进行冷热桥节点的简化设计，并进行了模拟分析，对应实测数据，给出了有效的构造设计。

（3）训练环节

● 产品学习阶段

本阶段要求学生学习被动房基本体系，分析其中本项目中的优劣势，联系相关产业，获得企业产品的相关数据和基本构造，综合产品性能数据和图纸，提出本项目围护结构的基本设计方案。

● 问题解析阶段

针对构造节点在气密、热工的薄弱环节，学生使用模拟软件进行问题解析，定性定量判断薄弱环节对围护结构性能的影响程度，并根据性能要求选择合理的产品，估计大致的成本。这个过程需要反复优化，最终确定被动式设计策略。

● 构造设计阶段

这是本项目最核心的训练阶段。为了方案可落地实施，构造设计要落实在市场上可采购到的材料，施工队可控实施的工艺。由于被动房产业链不具备整合施工的团队，学生需要作为"总包"，对材料工艺完全消化，并与相关企业沟通产品连接方法，与施工企业沟通现场实施方案，经过讨论的构造设计再落实在施工图、节点样板上定案，这才是切实有效的施工指导，也充分保障工厂预制、现场装配的时间进度。

● 现场建造阶段

现场实施是对构造细部设计的验证，也锻炼学生现场应对问题的协调能力。学生需要指导施工人员完成现场各种"第一次"，而后配合或监督施工人员陆续完成同类的节点施工，充分锻炼了学生沟通表达的能力。

（4）成果要求

本科生《综合论文训练》论文1篇，5000字以上；

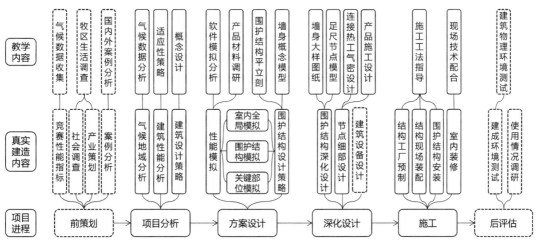

图 4-21　教学环节与内容安排

完成 1 : 2 分析模型 1 个，施工图纸 1 套；现场建造前完成 1 : 1 节点样板 1 个（本条为合作完成）；现场技术交底，施工配合。

（5）与实践项目的关联

本项目为"2021 年中国国际太阳能十项全能竞赛"（Solar Decathlon China，简称 SDC）清华大学学生团队建筑设计的真实需求，在概念设计方案确定、功能与形式初步确定的条件下，以性能为目标的深化设计，主要针对围护结构被动式的材料工艺选择，并以细部构造图纸、模型为工厂预制、现场装配提供指导。王一桥、寸兴然共同完成了围护结构深化设计、工厂预制指导，王一桥后期完成了施工图，并在现场指导围护结构施工装配。

4.3.2　围护结构关键部位性能研究

（1）围护结构整体与节点气密性细部研究

● 气密性设计要点

气密性设计是一个细节性极强的设计内容，与具体方案设计具有很强的联系性，其核心目标是达到被动房的气密性标准。因此在气密性的设计和施工方面学生考虑得比较详细，仔细研究气密层所在的位置、方案的外形等会影响到气密性的因素；尽可能减少洞口的出现，使

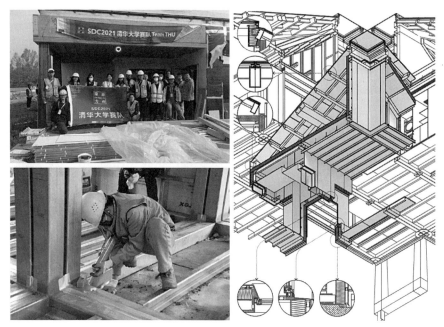

图 4-22　学生王一桥的工作照、与学生团队的合影、细部设计图纸

洞口相对集中，统一进行密封工作；对门窗等洞口进行精细化气密性设计。除此之外，气密性要求对施工方面也有明确的指导和设计，通过采用专用密封胶带装配钢结构拼缝处连续性封闭，同时门窗洞口、管道在围护结构穿孔处，通过防水隔汽膜和防水透气膜的配合使用来实现高气密性。

● 节点设计研究

图纸气密层标注：依照"铅笔线"的原则，沿着填充有保温材料的龙骨内侧的欧松板设置气密层，屋顶的气密层没有设置在天花处，而是沿着保温层内侧的欧松板布置，地面的气密层沿着地暖模块下的纤维水泥板设置。

墙体模型制作：为了更加准确地对墙体构造进行说明和把握，以利于与气密膜厂家的对接和相应节点的设计，同时验证墙体构造的可行性以及探索后续改善的可能性，而制作了 1 : 2 的局部墙体模型。通过 3D 打印和手切的方式，比较直观地表现出相应节点构造和龙骨的形态。

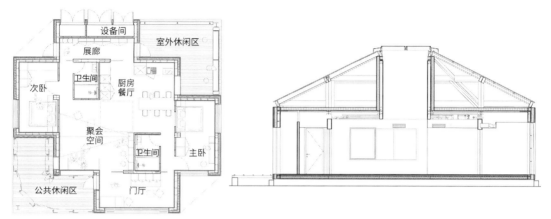

图 4-23　平面图与剖面图中的气密层标注

（2）相变材料与建筑热桥的耦合作用原理与组合策略研究

通过对局部热桥模型和整体模型的设计和计算机模拟，本阶段探究了相变材料的相变温度、用量、蓄热能力，以及相变材料与热桥间的相互作用对相变材料在围护结构中发挥减小热扰作用的影响；并通过在整体模型中加入空调系统，以探究相变材料和热桥的耦合效应对空调能耗和控温性能的影响。

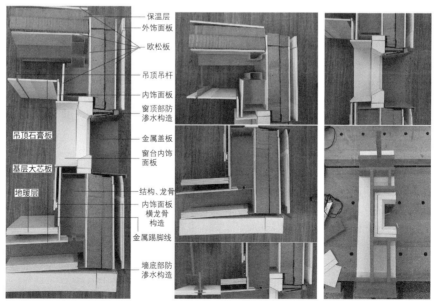

图 4-24　1:2 墙身大样模型研究

● 实验设计

Ⅰ.实验思路

为了探究热桥和相变材料的耦合问题，实验建立了包含热桥、保温层、相变材料的围护结构局部模型。同时，为了探究耦合问题在整个建筑物内的综合表现，研究也相应建立了以现有实验房为原型的围护结构整体模型。

为了更快速地得到尽可能充分的对照组和实验结论，实验以软件中进行物理模拟的形式进行。模拟实验共分为两个部分，即局部模型和整体模型部分；每个部分又分为多个对照组，以探明各变量对整体的影响。

Ⅱ.实验对象

整体模型以一栋实验房为原型建立。实验房位于北京市海淀区清华大学校内。以外轮廓计算，其长、宽、高均为 2400mm，包括顶、底在内，均由 150mm 白色彩钢岩棉夹芯板建造而成。实验房东侧开门、南侧开窗。

在实际建模时，考虑到彩钢岩棉夹芯板的转角构造处存在大量金属转角导致的热桥，因此在模型内也加入了相似的片状贯通式热桥构造。

Ⅲ.软件建模

模型整体由 0.7mm 压型钢板包裹 150mm 岩棉组成。钢板沿箱体转角处穿出，形成如图 4-26 所示的热桥构造。箱体的门开在东侧，南侧无窗，南墙内侧贴有相变材料；箱体受到室外太阳辐射与风环境（部分包括室内空调系统）的影响。

 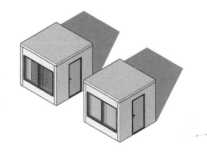

图 4-25 搭建实验房实景照片和对应的模拟模型

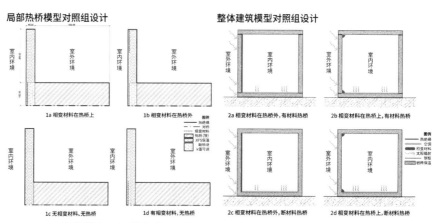

图 4-26　局部热桥（左）、整体建筑（右）模型对照组设计

● 实验结论

Ⅰ.被动得热条件下相变材料与热桥的相互作用

在围护结构中实现一定程度的断热桥，依然是围护结构设计的首要挑战，相变材料的加入并不能完全抵消热桥带来的额外昼夜温差；然而

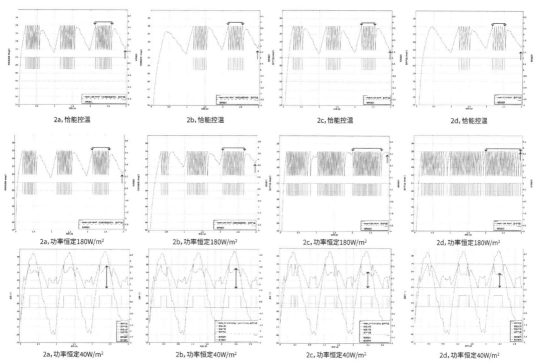

图 4-27　在空调设定不同工况下，墙体等温域温度，反映了寒冷季节（第一、二行）、过渡季节（第三行）PCM 的控温能力

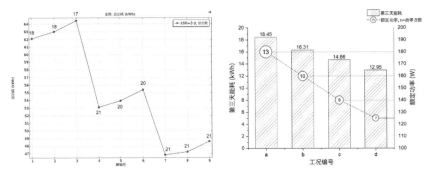

寒冷季节 2a 工况下，PCM 用量与保温厚度对能耗的影响　　寒冷季节控温条件下各工况能耗

图 4-28　寒冷季节、过渡季节不同控温条件下的能耗模拟

在设计手段有限、热桥无法完全避免的条件下，存在一个最经济的相变材料用量，既可以控制整体造价，也可以实现比较好的热惰性效果。

Ⅱ.主动控温条件下相变材料与热桥的相互作用

相变材料对控温系统的价值，是需要配合断桥构造、空调系统、相变材料的位置选择等共同作用的。在每一个季节，都需要反复调整三者的关系，仔细对比研究，才能获得成本和效果都比较满意的结果。控温系统中相变材料的加入能够起到以下作用：

①降低系统能耗；

②提高控温精度；

③提高空调系统的稳定性。

同时，实验也证明了，在真实的应用场景中，相变材料的使用位置同样是影响相变材料作用的关键因素，值得建筑师在构造设计时认真考虑。

4.3.3　围护结构热工性能构造设计

（1）设计策略

首先选择依据所要实现的控温范围，选择具有合适相变温度中点的相变材料产品。其次计算热桥系数，选出合适的热桥处局部相变材料用量；再将全部热桥处的局部用量加和得到总体用量，并以此成比例增减用量。

选择合适的相变材料封装形式，使其满足前述预留的构造厚度。将相变材料的封装形式尽可能紧密地贴合在热桥边缘，必要时可使用导热硅胶、甚至热管等传热构件，促进围护结构和相变材料之间直接的热交换，避免出现空气间层，增大二者之间的传热阻，阻碍相变材料发挥功能。

在围护结构施工结束之后、室内饰面安装之前，在室内用红外测温仪检测由于设计考虑不周、或施工的误差而额外产生的热桥位置，并将封装成薄片形式的相变材料固定至其附近。如此可以在不增加额外保温厚度、不移动完成面的情况下，实现对难以预测的额外热桥现象的补救。

（2）深化设计

● 相变材料在热桥范围的构造设计

SDC 清华大学赛队"草原方舟"项目是以轻钢结构箱体为主体结构，外覆 172mmOSB SIP 板作为保温和外饰面的地板构造。结构整体的保温性能较好，但受限于以箱体为单位、现场吊装的施工方式，难以实现完全的断热桥构造，在构件尺度和建筑的几何关系上，都存在各类热桥。此外，竞赛要求了一个非常严苛的控温环境，对围护结构的隔热性能要求也很高。因此，"草原方舟"在其围护结构中引入相变材料，以求在控制围护结构重量、维持干式做法的同时提高围护结构的整体热惰性。基于以上研究成果，相变材料的添加位点应当位于热桥上，以下具体阐明。

热桥按其形成原理，可以分为材料热桥和几何热桥。对于几何热桥，相变材料断桥构造的处理方式比较简单。围护结构从外到内，分为外饰面层、SIP 层、轻钢龙骨层和内饰面层，其中，龙骨层由于没有满铺，实际上充满了空腔，且空腔紧贴着保温材料内缘，因此非常适合相变材料的铺设。由于 SIP 板之间需要以一道木制工字梁作为连接件，因此实际上成为一种热桥。相变材料以 10cm×15cm×2cm 的铁盒形式封装之后，直接以角码固定在 SIP 板的内表面，SIP 板和相变材料之间涂抹导热硅脂，以增大传热能力。

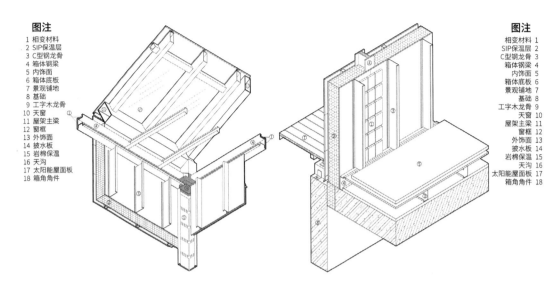

图注
1 相变材料
2 SIP保温层
3 C型钢龙骨
4 箱体钢梁
5 内饰面
6 箱体底板
7 景观铺地
8 基础
9 工字木龙骨
10 天窗
11 屋架主梁
12 窗框
13 外饰面
14 披水板
15 岩棉保温
16 天沟
17 太阳能屋面板
18 箱角角件

图注
1 相变材料
2 SIP保温层
3 C型钢龙骨
4 箱体钢梁
5 内饰面
6 箱体底板
7 景观铺地
8 基础
9 工字木龙骨
10 天窗
11 屋架主梁
12 窗框
13 外饰面
14 披水板
15 岩棉保温
16 天沟
17 太阳能屋面板
18 箱角角件

图 4-29　相变材料在热桥范围的构造图示

　　此外，"草原方舟"项目中还存在一些穿保温的构件，一般位于箱角、天窗等处。这些区域在构造尺寸上属于点热桥，本身表面积较小；但好在建筑的主体结构是轻钢制成，热桥的现象会被轻钢放大，但也为相变材料提供了更大的附着空间。因此，设计选择不在点热桥区域直接铺设相变材料，而是将相变材料的合理封装形式填充于型钢和角件的内壁以内，以使相变材料和热桥换热，充分发挥其热惰性作用，改善建筑的热适应能力，减少空调负荷（图 4-29）。

●室内气密性节点设计

Ⅰ.天窗构造

天窗处的气密性构造主要涉及两个节点：天井墙面与天窗的交接处，天窗接缝处。

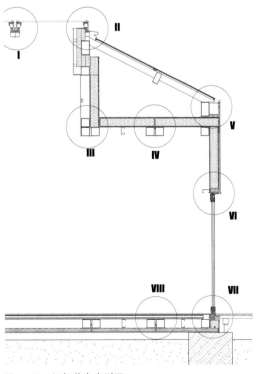

图 4-30　细部节点索引图

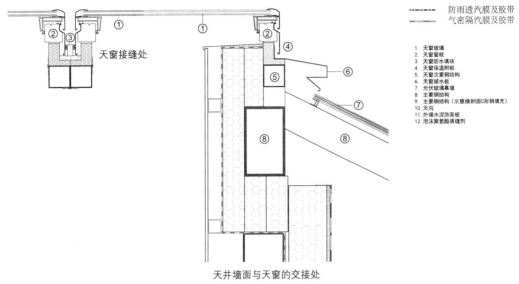

图 4-31　天窗处的气密性构造节点大样

　　天井墙面与天窗的交接处：顶端气密膜施工时，先在天窗下的金属板上贴上临时固定的双面胶，再粘贴气密膜，最后用自粘型气密胶带粘贴在气密膜与金属板的交界处，将气密膜永久粘贴。注意在气密膜在顶端转角处要预留伸缩的空间。

　　天窗接缝处：由于四个天窗各自独立安装，之间的十字缝隙气密性需要从室内侧保障（防排水性能已从室外保障），即十字支撑钢结构之间、钢结构与天窗支座之间使用气密胶带进行封堵。

　　Ⅱ. 屋顶气密性构造

　　屋顶气密性构造包括两个节点，分别是墙面凹凸转折处、屋顶结构接缝处。

　　屋顶凹凸转折处：墙面气密膜施工时，先在欧松板上的适当位置贴好临时固定用的双面胶再铺设气密膜，气密膜铺设时遇到搭接处要重叠10cm 以上，并且交接缝需要用气密胶带密封。铺设完气密膜后在横龙骨内侧贴上穿钉胶带后再将横龙骨钉在铺设有气密膜的欧松板上，最后挂上内饰面板。遇到转折处时需要预留出一定的伸缩空间。所有钢结构柱子阴角阳角接缝处与此相同。

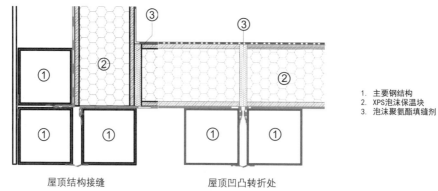

1. 主要钢结构
2. XPS泡沫保温块
3. 泡沫聚氨酯填缝剂

屋顶结构接缝　　　　　　　屋顶凹凸转折处

图 4-32　屋顶气密性构造节点

　　屋顶（钢结构框架）结构接缝：施工时先架设好龙骨再铺设气密膜。铺设时，先在龙骨上贴好临时固定的双面胶再铺设气密膜。铺设时遇到搭接处要重叠 10cm 以上，并且交接缝需要用气密胶带密封。铺设完气密膜后再将欧松板和保温层架设在屋顶龙骨上。其他钢结构柱子之间、地面梁之间接缝处与此相同。

　　Ⅲ. 墙身构造

　　这部分构造包括三个节点，分别是女儿墙处气密性构造、上窗框与洞口交接处气密性构造、下窗框与洞口交接处（地面和墙面）气密性构造。

　　屋顶和墙面交界处：屋顶和墙面的转折处利用钢龙骨本身的气密特性，作为屋顶气密层和墙面气密层的交接过渡点，实现较为便捷的施工同时又能获得良好的气密性。施工时先在钢龙骨的对应位置贴好双面胶，再铺设气密层，最后用气密性胶带密封气密膜与钢龙骨的缝隙。

　　上窗框与洞口交接处：气密膜在遇到转角处时需要稍微折叠，预留一点伸缩的空间，在与窗洞口的交接处和 fentrim 自粘型气密胶带配合使用，先在窗框上贴好 fentrim 胶带，然后将窗框安装在洞口处，并将剩余的 fentrim 胶带贴在内墙面上，与 majrex 胶带重叠。

　　下窗框与洞口（地面和墙面）交接处：气密膜在遇到转角处时需要稍微折叠，预留一点伸缩的空间，在与窗洞口的交接处和 fentrim 自

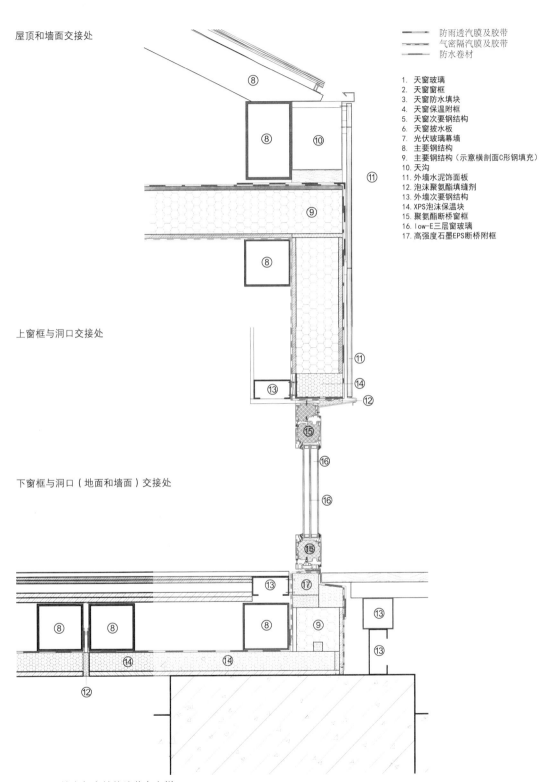

屋顶和墙面交接处

上窗框与洞口交接处

下窗框与洞口（地面和墙面）交接处

防雨透汽膜及胶带
气密隔汽膜及胶带
防水卷材

1. 天窗玻璃
2. 天窗窗框
3. 天窗防水填块
4. 天窗保温附框
5. 天窗次要钢结构
6. 天窗披水板
7. 光伏玻璃幕墙
8. 主要钢结构
9. 主要钢结构（示意横剖面C形钢填充）
10. 天沟
11. 外墙水泥饰面板
12. 泡沫聚氨酯填缝剂
13. 外墙次要钢结构
14. XPS泡沫保温块
15. 聚氨酯断桥窗框
16. low-E三层窗玻璃
17. 高强度石墨EPS断桥附框

图 4-33　墙身气密性构造节点大样

粘型气密胶带配合使用，先在窗框上贴好 fentrim 胶带，然后将窗框安装在洞口处，并将剩余的 fentrim 胶带贴在内墙面上，与 majrex 胶带重叠。气密膜接缝处需要搭接 10cm 以上，并且用自粘型气密胶带封住接缝。

（3）足尺模型制作

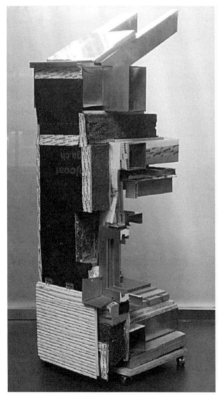

图 4-34　室内外全构造节点足尺模型

4.3.4　现场建造（参见短视频文件2）

（1）工厂预制

钢结构箱体与外墙面保温 SIP 板全部在工厂预制完成，本阶段主要考虑尽可能消除结构冷桥，在无法消除的部位（如箱体基础支座、屋顶支座），定制具有承重和一定热阻性能的断桥块，预留在现场安装。

（2）现场装配

现场是消除所有结构冷桥、结构渗漏缝隙的最后一关。所有箱体拼接位置均需要填充发泡胶，再在表面贴气密胶带。这个过程只能在结构装配完毕、硬装施工开始之前，所有外墙面拼接缝都需要从内外两侧打胶贴胶带，才能达到断桥、气密的性能。

（3）围护结构现场安装

主要包括墙面门窗和屋顶天窗。门窗需要挑出钢结构，与 SIP 板在一个平面内安装，保证消除冷桥；采用防水膜和气密胶带组合，在室内外两侧保证气密性。天窗在保证防排水要求前提下，同样采用气密、断桥措施。

（4）室内装修

室内主要需要完成两方面工作：一是在东北、西北角安装相变材料，作为辅助断桥，提高两个薄弱部位热惰性的能力；二是在所有管道穿外墙的位置采用气密措施。

图 4-35 现场安装气密胶带、防水透气膜、相变材料

4.3.5 教学总结

（1）可持续性能为导向的设计与研究方法

本毕业设计题目建立在 SDC 清华赛队竞赛用房"草原方舟"对过渡季节和寒冷季节的隔热、蓄热需求上。先从国内被动房的气密性相关的设计和施工入手，学生了解了气密性设计的相关手法和注意事项，依托干式施工的气密膜的优势，进行了建筑气密性设计。

通过有限元分析软件，模拟热桥和相变材料在不同工况下的耦合关系，学生探究相变材料的材料属性、热桥的材料属性以及热桥与相变材料的相对位置等因素对相变材料蓄热性能的影响，同时探讨了空调系统在不同的耦合工况下的能耗、控温能力与控温逻辑。这种耦合策略能够提供一种额外的断热桥方案，减少在前期设计中对保温连续性的苛求，控制建造成本，同时减薄构造厚度，为建筑设计的表达提供更广阔的空间。

（2）毕业设计感言（王一桥，寸兴然 清华大学建筑学院）

（王一桥）这次综合论文训练，让我接触了一个之前从未接触过的领域：从传统的建筑设计过程中提出问题，并通过技术方法进行定量的研究，指导了设计和最终实施。最终得以圆满完成，离不开以下各位的帮助。指导教师朱宁老师给了我自由的研究空间，还帮我联系了建筑技术科学系的王馨老师，一同指导我的研究；感谢 SDC 和毕设组的各位同学，很荣幸能与你们一起奋斗。

（寸兴然）此次的毕业设计课题与之前相比，给了我更多与实际工程项目接近的体验。不论是前期联系厂家、还是组装风力发电机、与气密膜厂家洽谈等，每一个阶段都是以前的设计课不会接触到的内容，而期间朱宁老师给予的指导和帮助让我避免了许多弯路，同时也让我能够清楚下一步的推进方向。有一种全新的体验，对我来说，是一个很有意义的收尾。

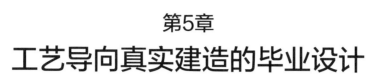

第5章

工艺导向真实建造的毕业设计

相对于建筑空间本体而言，材料与工艺的表达是空间塑造的一种形式构成的重要手段。现代主义建筑大师密斯·凡·德·罗说道："建筑开始于两块砖仔细地连接在一起。"如何"仔细地连接"，是通常在我们以图纸为目标的设计教学中缺乏的训练，毕业设计的真实建造项目，可以让学生真正全过程地接触到材料加工到建造的所有环节，建筑设计也围绕材料与工艺展开，最终实现材料工艺的空间表达，也同样需要建筑师（学生）在现场与实施人员进行密切的沟通交流。这些都是迈向成熟建筑师的必经之路。

5.1 教学框架

5.1.1 教学目标

以材料与工艺的空间表现为设计目标，对应全过程工艺组织实施的技术控制，尤其是深化设计阶段应对材料的特殊建造性能，进行相应的节点设计，并在现场实施中优化调整，充分发挥设计与建造密切结合的优势。

5.1.2 教学重点

（1）使学生理解材料工艺表现是从设计到建造全过程控制的成果

建筑原材料从开采到成为建筑构件，中间的加工过程是建筑学专业的学生很少能接触到的；课程通过一些小型轻量的材料，如木材、竹材让学生看到整体加工过程，进而掌握对这些材料设计的基本方法；而后通过空间限定和结构造型的方法，将材料在空间中的表现力、材料的力学性能都落实在结构形式中；建造过程给予的设计反馈，也进一步推动学生改进方案设计，逐渐深化实现完整的建筑作品。

（2）使学生学习在建造实施过程中的材料工艺设计介入和控制方法

控制材料工艺的最终表现力，是建筑师设计能力的集中体现，不仅是施工图纸对效果目标的清晰表达，更需要建筑师与参与实施的相关技术人员沟通表达，采用实施人员可理解的方法去控制最终效果；这是毕业设计对"象牙塔"内的学生极大的能力拓展。

5.1.3　教学环节

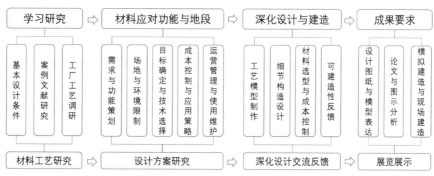

图 5-1　教学环节图示

（1）学习研究

本阶段要求学生首先调研掌握建造现场的地段情况、功能需求，与需求方进行充分沟通。其次对设计目标、结构体系进行研究，包括案例学习、文献学习等。同时要求学生学习与设计目标相关的建筑原材料加工的流程、设计案例采用的结构空间策略，包括工厂参观、工艺学习等。学生对学习研究内容进行总结汇报，并与技术实施企业人员、指导教师进行共同讨论，兼容空间表现力与可实施性。

（2）材料应对功能与地段

通过方案设计基本流程，满足使用空间功能，应对地段特定条件；学生同步讨论使用材料结构体系的基本策略。方案设计需要反复推敲结构的可实施性，综合考虑力学的基本条件、空间表现力、建造成本，多次与投资方、技术实施企业人员、指导教师进行共同讨论，形成参与各方认同的方案。

（3）深化设计与建造

深化设计，一方面是对方案本身如何通过施工实现，建筑师团队内部进行结构构件拆解、构造连接、材料选择等方面的确认，另一方面也需要对参与实施的技术人员进行沟通表达，以确认可实施性，通常有经验的技术人员也会反馈更有建设性的建议。由于实施技术人员理解领会设计目标有一个过程，因此建筑师需要用对方熟悉、便于理解的表达方式进行沟通。

（4）成果要求

毕设成果要求学生通过详细的设计图纸、模型、建造模拟、论文等内容来呈现设计成果。在条件具备的情况下学生开展现场实际建造工作，进一步检验反馈设计成果。

5.2 林间伞亭

5.2.1 题目设计

（1）毕业设计题目

北京交通大学户外非正式空间教学改造（北京交通大学建筑与艺术学院2013级本科生 郑新然）

（2）训练目标

● 户外非正式空间设计

图 5-2 林间伞亭施工过程

北京交通大学建筑与艺术学院教学楼南侧留的空地，是介于校园开放空间与专业教学空间之间的户外非正式空间。如何处理这块场地与校园和学院的关系，将其变为承载学院与校园活力的场所，发挥户外非正式空间灵活、多元的特点，便成为场地设计主要思考的问题。

● 以真实建造为目标的方案构思

方案设计之初便以"真实建造"作为最终目标，倒推方案构思与推进。16周的教学时间如何保证项目在概念设计与建造工艺上的深度要求；对于结构选型与材料选择需要做出怎样的调整？

● 施工建造综合管理

区别于传统的本科专题课设，学生需要联系甚至指导整个施工建造过程，在指导教师带领下，亲身体验真实建造与纸上建筑区别，达到"通过建造学习建筑"的目的。而如何通过图纸表达指导参与施工过程，又对学生提出了新的挑战与要求。包括施工图绘制、成本核算、厂商联系等多个环节均需要学生独立完成，真正做到将实际工作流程引入毕业设计。

（3）成果要求

毕业设计论文1篇、毕业设计图纸1套、实体模型1个、现场施工学习。

（4）与实践项目的关联

本项目为北京交通大学建筑与艺术学院2018年本科毕业设计优秀作品，该项目由北京交通大学建筑系2013级本科生郑新然负责设计，武汉林榔木结构工程有限公司、北京交通大学施工队进行生产施工。项目经过设计深化、现场实施后正式投入使用。郑新然参与了包括"前策划与项目分析、方案设计深化、实际建造与后期评估"的全过程。

（5）教学框架

● 现场调研和科学测试阶段

现场踏勘是对现有建筑的重新认识与审视，需要学生转换以往在非正式学习生活的空间和展览空间体验，从宏观角度了解设计学科教学展示的基本情况，对场地本身的优劣情况、新旧关系、所在地段的研究

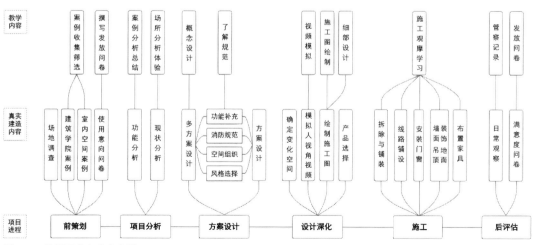

图5-3　教学环节与内容安排

之外，还需要学生观察场地日常使用状态，对比近期典型户外展示与交流空间的改造实例，对现有空间不适用导致的主要问题进行分析归纳。一方面，学生通过调查问卷、访谈、实地测量记录等方式充分了解学院原有展示空间尺度、功能分布和各专业教学科研活动需求。另一方面，对涉及学科展示案例研究和场所文化的提取是设计前期的重要环节，需要设计者考虑功能更新置换的同时，寻找北京交通大学建筑与艺术学院的南面树林中独特的文化象征和场所认同。

● 方案设计阶段

方案设计阶段重点是根据场地特点和教学展览需求，结合前期调研和策划成果制定个性化设计任务书及设计目标，然后进行多概念方案比较，结合真实建造的需求，选取最适合的实施方案。

设计从概念初到定案，设计组反复推敲、发展了多个方案设计。绝大多数的方案离不开展览建筑"玻璃盒子"的原型：附着于原有建筑建造一个或者几个"玻璃方盒子"展厅——这种思路能够满足功能需要，"流动空间"的简洁美学似乎也能够混搭一切现有建筑。然而回归到现有的场地，"玻璃盒子"的原型带来诸多冲击：原有建筑一层功能需要进行大规模重整，两排树木被砍伐，场地的设施管井移位等。最为关键的，我们又回到对项目缘起的反思——我们期待的建筑教育空间究竟是什么样的？

通过研究建筑与艺术类专业教育理念并征求师生、校方意见，提取出开放公共的设计原则。考虑场所精神对原有场地要素进行整合。

● 深化设计阶段

在方案深化阶段，设计方案尊重人们关于原有建筑的场所记忆，建筑形式通过已有自然元素的空间位置推导而来。建筑整体规整，以规整的 2.5m 正三角形形成基本网格。柱子落位则不拘于相等的距离，通过避开树干、井盖、入口等的元素而获得。

每一把伞为独立单元，拼装组合起来成为一个系统。主要单元相同使整个伞亭系统获得严谨的结构逻辑。由于整个结构用螺栓给予固定，伞亭具备可拆卸和可移动的特征。构造设计将五金件完全隐藏于木材之中，展现木构自身简洁，实现空间与构造的统一。

5.2.2　策划研究（概念设计）

（1）所在区域综合环境分析与地段局部环境分析

● 引导与定位

教师带领学生现场查勘，讨论并提出系列引导性问题：希望呈现出怎样的空间氛围；学院南侧场地与周边环境的关系如何处理；如何处理校园非正式空间？

● 调查研究

Ⅰ.地段综述

地段位于北京市北京交通大学建筑与艺术学院南侧。场地东西两侧分别是学生活动中心和科研楼，南侧有一条道路连接东西两侧的活动中心与教学区域。

场地上现存有21棵白杨树与城市管道若干，场地多用作师生停放自行车与汽车的"小型停车场"，北侧紧邻学院一楼的开放展示区域。

Ⅱ.地段问题剖析

场地周边承载了各式各样的校园活动，但本身相对消极。现存树木不足以承担起景观功能，本身又缺少构筑物一类的建筑承载更多的师生活动，难以满足学院、校园的师生诉求。

Ⅲ.设计目标与要点

营造开放包容的校园非正式空间：激活校园非正式空间，开放包容的姿态处理学院与校园边界。

处理实际建造相关问题：综合考虑场地现有树木与管道位置、施工环境与周期等问题，确保项目可以落地。

掌握工艺为导向的建筑设计：以木结构工艺为导向进行整体设计材料与建造决定建筑的空间与逻辑。

（2）需求分析

● 提出问题

在场地勘察的基础上，教师针对阶段性问题提出进一步的要求与引

图 5-4　场地现状

导。设计针对的目标人群是谁？场地功能如何确认？现状下学院面临的问题如何通过这块非正式空间解决？教师与学生对于场地的需求是否相同？

● 调查研究与目标定位

通过问卷调研与访谈形式对学院师生需求进行研究，问卷涵盖了不同教学空间的使用现状和改造诉求，共回收学生调研有效问卷 253 份，其中对于展览空间有诉求的学生占比 54%，回收教师有效问卷 72 份，其中对于展览空间有诉求的老师占比 46%，师生的主要诉求如下：

①扩展展厅用于评审和展示教学成果。

②打断展厅之间隔断，以适应不同专业的展览需求。

③为图纸及实体模型展览提供专用展陈方式如展板及模型架等。

该空间既需要满足建艺学院师生对于展陈、评图的需求，也需要满足校园师生对于校园休闲空间的需求。

图 5-5　师生需求调研

5.2.3　材料与结构（方案深化）

（1）材料选择

● 引导与定位

以"释放自然"为出发点，如何将材料与建筑形态相契合？伞亭本身的形态对于材料的选择是否提出了新的限制？伞亭材料应当满足经济、耐用、易得的前提。

● 概念深化——师生协作

在深化方案的"概念、结构、构件"的同时，调研、学习国内外相关案例，对比不同种类的材料在建筑形态、施工、造价等方面产生的影响。在对比了木构、钢结构、钢筋混凝土以及系列新型材料后，我们决定选择以木构作为主体加之部分钢结构的形式作为整个伞亭的组成部分。一方面，木构本身契合了"释放自然"的主题；另一方面，木构的形式易于组装运输等施工环节的进行，为我们节省了大量的资金与施工成本。

（2）空间布局

● 引导与定位

教师针对建筑形态与方案初期概念提出思考：建筑形态如何确定？在"结构、材料、场地"的限制下如何做出相应的调整？

● 形态生成

我们决定顺应已有的自然元素，建构一个"第二自然"，强化"借用自然"的场所感。利用大树具有三维的不确定形态、能与建筑产生对等的、多样的对话的特点，使紧张而规整的建筑"物"具备一种开放和自然的姿态，希望师生乃至公众都能参与其中。除了展览功能，该场地能够灵活地提供用以沟通交流的功能，满足不同类型教学和不同方式交往的需要。

（3）结构形态

● 引导与定位

教师提出对于结构的要求与引导：重视木结构各个节点如何连接，细部构件的设计和结构模拟。

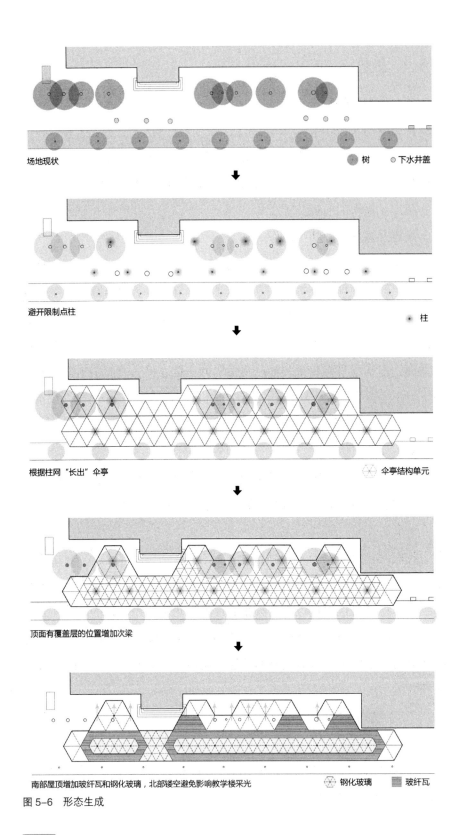

场地现状   ● 树   ○ 下水井盖

避开限制点柱   ＊ 柱

根据柱网"长出"伞亭   ⬡ 伞亭结构单元

顶面有覆盖层的位置增加次梁

南部屋顶增加玻纤瓦和钢化玻璃，北部镂空避免影响教学楼采光   ⬡ 钢化玻璃   ▨ 玻纤瓦

图 5-6 形态生成

● 结构系统深化——师生协作

设计考虑通过柱体的对位安排确定了六边形的伞状单元体，让原有树干穿过伞结构的冠状透空结构。最终，净高 4.35m 的 12 把伞组成了基础骨架，整个屋顶系统呈现出 120 个等边三角形的有机网络。通过柱体的通过木构柱不断重复，种下一片新的"树林"伞状木构与原有高大树林相互交织一体，投射出有韵律的阴影，与郁郁葱葱的绿色交相辉映。使人获得从内到外、由外而内的沉浸式体验。

以正三角形为母题的正六边形。伞状结构最主要的部分是 86mm 厚的倒置 L 形单元，从中心水平伸展出 2.5m 的距离。6 片 L 形共同形成正六边形伞单元的主要每一把伞骨为独立单元，拼装组合起来成为一个系统。主要单元相同使整个伞亭系统获得严谨的结构逻辑。

（4）节点设计

木结构不施加任何涂料，木材本身的质朴得以表达。木结构的节点搭接逻辑体现在木材单元和五金件单元连接的设计之中。由于整个结构

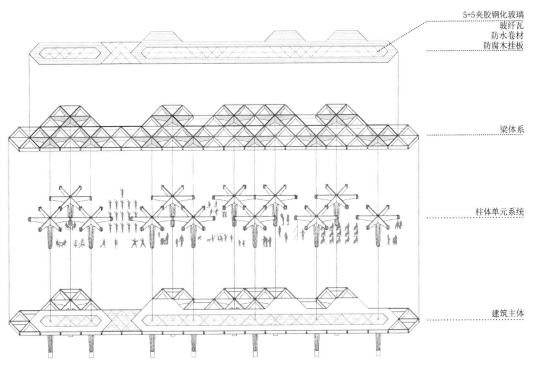

图 5-7　结构分解图

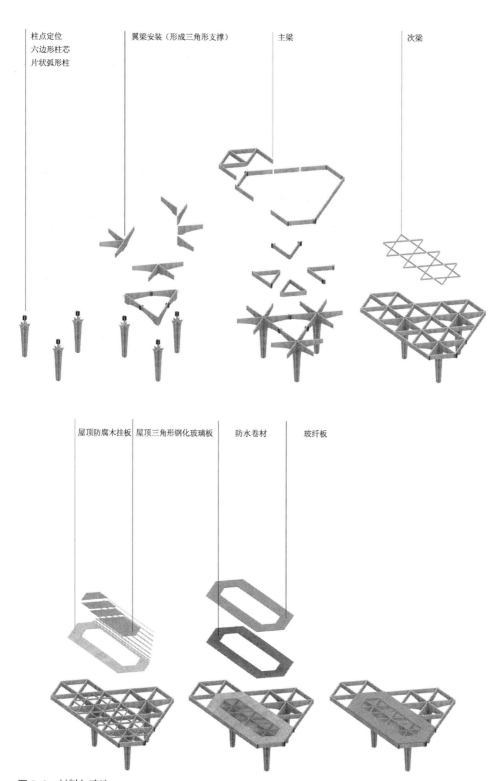

柱点定位
六边形柱芯
片状弧形柱

翼梁安装（形成三角形支撑）

主梁

次梁

屋顶防腐木挂板 | 屋顶三角形钢化玻璃板

防水卷材

玻纤板

图 5-8　材料与建造

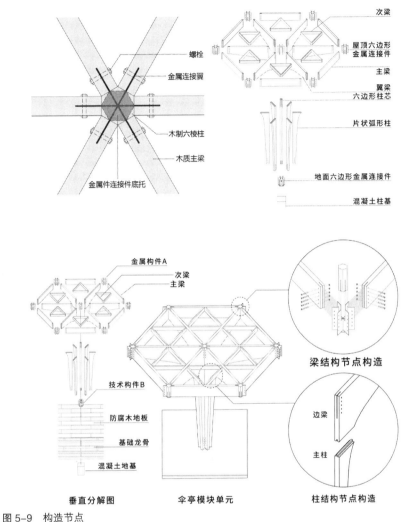

图5-9 构造节点

用螺栓给予固定，伞亭具备可拆卸和可移动的特征。构造的巧妙设计使得五金件完全隐藏于木材之中，展现木构自身简洁，实现空间与构造体系的统一。

针对每个"六边形单元"，以混凝土作为其基础，在其上铺设木制网格与隔板，在保证稳定性的同时确保"自然"的概念得以贯彻。支撑部分的柱由六边形金属网架作为中心，外侧连接弧形柱，在顶部与顶棚相交处利用"榫卯"结构和粘黏剂进行连接，保证每个单元的刚度。各个单元之间利用预留的金属槽位进行连接，最终形成整个伞亭。

5.2.4　加工与建造（参见短视频文件3）

（1）构件加工

伞亭构件由武汉工厂的数控切割机 – CNC，依据在北京设计完成的电脑模型直接指导完成，而后运送到建筑场地进行装配。信息技术也实现了非现场作业达到最大化，组装便捷在人口密集的北京西直门地区展现了特殊的优势。施工时利用激光定位仪来精确定位大树、井盖、建筑等，整个木结构的装配过程和后期固定用时极短，充分反映了木结构的制造方便、作业简便、施工迅速的优势。

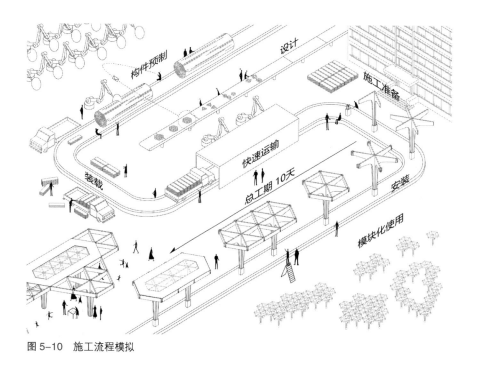

图 5-10　施工流程模拟

（2）现场建造

由于前期已经设计好了相关构建模式，在现场我们可以对构件进行快速组装。

图5-11　施工现场

5.2.5　教学总结

（1）设计方法总结

● 以场地空间为基础的形态设计

从场地现状与学院文化出发，提取出"开放""融入"的概念，对场地现状采取全盘保留的方式，从而倒推结构与方案设计。伞亭根据场地衍生而来的模数系统，可以依据不同的场地进行不同的拓展，可以单独成伞，亦可扩展组合成林；为新美学探索建构的逻辑。微小尺度地块的更新，看似影响范围小，但对校园环境的改善却是实质性的，其延续校园文脉进行有机更新更加贴近校园生活的本身。伴随着师生的广泛参与而成为触媒的伞亭，催化与激发活力、创造与发生多样性的校园空间。从概念到手段，也可以为城市中"建筑边角"空间的微改造提供参考。

● 以工艺为基础的构造设计

以木结构作为出发点，不断调整模数，在设计中体验木构件的组合与交接，深入分析节点受力情况。将绿色建筑技艺融入方案设计，利用构造特点将整个伞亭对于自然环境的影响降到最低，真正做到"环境友好"。

● 从材料到空间的统一——校园非正式空间设计

依托木构建筑传达开放自然的观念，林间隐榭、亭亭于此，"伞亭"由此而生并在校内流传。对于整个校园，伞亭是极少数全天候向公众开放的教学场所。木结构呈现出自身的秩序，基地中原有的杨树林也在新构建的秩序中保持生长，两者复合出一种秩序化的自然，单纯、平和、温暖而清透。清风可以拂过，交织的影子落在木地板上。人们的视线可以穿透建筑，或开放或围合的区域在虚实、光线、尺度和形状上互补而平衡。开放式展厅模糊了室内外边界，也模糊了空间使用的领域边界。建筑的姿态开放而灵活，记录下师生在校园记忆中美好的片段，并赋予能镌刻于时钟之上的生机、活力及永恒的品质，形成互动性和创造性的公共交流空间。伞亭落成后数月，我们运用这个设计项目作为场所观察的教具，开展了持续的观察研究。

（2）建成效果

图 5-12　施工过程　　　　　　　　图 5-13　伞亭一角

（3）毕业设计感言（郑新然 北京交通大学建筑与艺术学院）

在毕业设计的阶段中，我收获了丰富的专业知识、实践经历，甚至是社会经验，也让我对于社会有了更加深入的思考和感悟。

首先要感谢的是我的毕业设计指导教师：曾忠忠老师和陈泳全老师。两位老师从最初的选题、设计方向的拟定、案例的搜集和整理、实

图 5-14　构造节点　　　　　　　　　　　　　图 5-15　伞亭使用场景

际调研、方案深化、实际建造的每一个环节给予了我非常耐心的指导和鼓励。两位老师对于建筑，建筑学和生活的严谨、积极、乐观的态度给我留下了深刻的印象，将在我将来的学习和工作中引导我前进。

感谢刘鼎艺同学在设计过程中和我一同讨论，对我的帮助和建议；感谢北京交通大学建筑与艺术学院全体师生对于我工作的支持和理解；感谢武汉林榔木结构工程有限公司的前辈们在方案深化和施工阶段对我的帮助；感谢北京交通大学施工队对现场施工的协助；感谢北京交通大学 15 号楼的同学们对于施工带来的不便的谅解；最后感谢我的家人，在我求学过程中给予的支持和帮助。

5.3　两山茶舍

5.3.1　题目设计

（1）毕业设计题目

基于环境、场地、空间与结构的原竹建筑设计与建造研究——以安吉两山茶舍为例（清华大学建筑学院 2014 级本科生孙照人）。

（2）训练目标

● 以材料特性为基础的空间、结构、造型策划

原竹作为建筑的主体结构材料使用，在现代建筑案例中仍不多见，

图 5-16　安吉两山茶舍实景照片

需要在结构设计中考虑物理化学特性，同时由于原竹具备热弯的可加工特性，在空间营造中注重材料特征的结构表现。由于原竹结构难以完全建造成为封闭可控室内环境，所以功能策划还要考虑室内空间的开放程度，并与周围环境相协调。

● 以建造工法为中心的构造与细部设计

由于原竹具备绑接、大小头承插、等径头对接等连接方式，其构造连接与细部设计应着重考虑可实施性、表现力、精致性，尤其仔细考虑多方向杆件连接的构造逻辑与形式表现。

● 复杂结构概念表现，放样工艺现场配合

由于原竹结构的表现力极强，暴露结构和节点构造成为必须。如何通过设计表达（图纸和模型）清晰展示三个层次——结构体系、杆件形态、节点构造，是本设计最终完成度的要求。为完成这个目标，现场工艺学习与施工配合也是必不可少的，施工人员能够领会的表达方式才是最有效的表达方式。

（3）训练环节

● 背景介绍与地段分析阶段

本阶段要求学生分析地方竹产业宏观发展需求，分析地段周边地理、人文、社会的微观条件，结合甲方功能与成本的要求，形成完整可实施的形态与空间的策划。

● 方案设计与结构设计阶段

以材料导向对本项目进行方案设计，这就需要将建筑空间与结构形态相互优化迭代，同时应分析国内外优秀的原竹建筑案例，通过方案设计预判结构对于空间的表现力。

● 深化设计与现场建造阶段

这个是本项目最核心的训练阶段。为了方案可落地实施，至少需要在结构体系、杆件形态、节点构造三个层次反复论证可实施性。在宏观层面需要与结构工程师沟通，对整体的荷载情况进行论证（地面支座反力、屋顶雪荷载、风荷载等）；中观与微观层面要与原竹生产与施工企业技术人员沟通，对杆件可弯曲的形态进行逐一验证，并在施工企业配合下对杆件交接的方式进行1∶1节点试验。实际建造前，还需要解决基础排水做法、屋面防排水做法等隐蔽工程构造问题。

● 后期内装与景观配套阶段

为项目完美呈现与顺利运行，室内设计、照明设计、景观设计都需要进行配套，尽管这不包含在本次训练内容中，但学生应经历及配合相关专业人员完成，为未来的全流程服务工作奠定实践基础。

（4）成果要求

本科生《综合论文训练》论文1篇，5000字以上；

方案图纸1套，结构表达模型1个，技术深化与原竹构件放样图纸1套；

现场技术交底，施工配合。

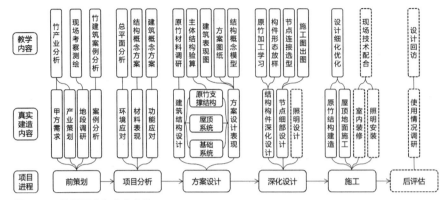

图 5-17　教学环节与内容安排

图 5-18　学生孙照人的工作照和与工作团队的合影

（5）与实践项目的关联

本项目为浙江安吉 2017 年全国高校原竹建筑设计与建造大赛参赛作品，这是一项由学生团队设计的实践落地的建造竞赛，安吉原竹企业进行生产施工。清华大学建筑学院学生团队主创为孙照人，经方案设计、深化设计、现场实施后落地使用，孙照人经历了从功能策划、设计深化，到工艺推敲、现场建造的全过程，也在照明设计、室内设计、后期运维中提供了设计协助。

5.3.2　基于环境与材料的策划研究

（1）地段综述

地段位于安吉县两山创客小镇园区，在一个二层屋顶平台之上，屋顶平台东侧面向凤凰山的景色。地段面向的凤凰山为安吉市内比较有名的地标和公共活动娱乐空间，在山顶上可以清楚地俯视地段的内容。平台对三类使用人群的服务效果并不理想：对在小镇工作的人来说，此处并没有休憩的设施，因此停留性差。对休闲漫步者来说，在平台下方走过，由于一层立面的连续性，人们很有可能忽视二层平台有上人观景的功能服务。对凤凰山登山者来说，在山顶向下俯瞰时，平台上并没有吸引人的元素值得下山后再行进一定距离前往平台休息活动。

（2）设计目标与要点

在建筑形态方面，设计需要对项目周边的重要景观给予呼应，并应有一定的标识性以提升此处吸引力。在内部空间方面，由于此处位于屋顶平台尽端，希望打造一个停留性强、安静舒适的饮茶氛围。在材料选择方面，需要以竹为主体材料进行设计建造，并在结构设计中体现高超的建筑施工技术。在功能设定方面，茶室的未来定位主要有茶歇休息，聚会承办，公益讲座、政府会议等，由于功能的多变，需要内部功能分布自由，可以通过内部部品的移动重组满足各种不同需要，提升此区域的可停留性和自主吸引力。

（3）基本形态空间生成

在建筑形态方面，设计根据场地形状和景观朝向生成了一个围合式内院形态，并在主要景观方向压低，再以此环带为基准生成连续的双坡屋顶，一侧面向主要出入口打开，引导经过的人群进入，另一侧与凤凰山呼应，将纯粹的自然景色通过圆洞保留并借入室内。内部空间方面，环状的双坡屋顶（入口处檐高2.2m 朝向景观方向檐高1.4m）给予了内部的使用者强有力的庇护，并且提供人与屋顶互动的可能性。

图 5-19　建造地段调研

5.3.3 材料与结构深化设计

（1）结构系统生成过程

结构系统的设计来源于设计团队对原竹建筑力学美的追求：利用竹材的弹性以及优秀的抗弯抗拉性能，不采用木构钢构的典型正交体系结构，而是通过弯竹的空间联系形成有机的、强有力的弯竹空间结构体系。

● 以原竹为主体的支撑结构

在初始结构设计中，设计团队只设计了以内院中心为原点的径向弯竹柱，但是经过结构力学分析，发现明显有着单组竹柱跨度过大，屋脊处连接不紧密以及抗侧推力不强等结构问题。

图 5-20　原竹结构的初步意向图

在接下来的优化中，首先进行的工作是丰富结构中的坐标系，让结构能够相互交织提供足够的抗侧推力，因此在径向弯竹柱的基础上设置了与之成角度的"切向弯竹柱"，切向弯竹柱之间相互交织连接并在顶点与径向弯竹柱连接，在结构中形成了三角拱这样一种稳定结构。但在这一轮方案中，仍然有着跨度过大，双坡屋顶的两个面连接不紧密易受压曲张，并且在局部节点处交织的竹构件太多，易给后期施工造成巨大困难等问题。

针对以上遇到的几种问题，方案在不断推敲中一一解决：下调竹柱交点解放屋脊，并形成稳固的门式框架和三脚拱单元，切向弯柱每隔一组在顶点相连，相邻组在中间相连，形成花瓣状的空间结构体系。在建

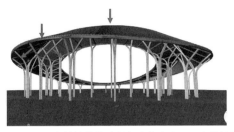 

图 5-21　支撑结构的分析与迭代（左图：力学性能错误；右图：竹小尺度错误）

模中增加了竹子的组数，与实际更为接近并且可以更加深入推敲节点细节的做法。

在最终敲定的竖向支撑结构体系中，内部结构采用径向和切向两种弯竹竹柱形成的弯竹支撑体系支撑大跨度的屋顶。由于开创性地取消了竖向构件，结构在内部与外部产生自然化的体验，与屋顶融合也提供了原始的保护感。

● 基础系统

因为竹建筑特殊的建造特性以及建造方法，在浇筑钢筋混凝土地面基础时，在设定的柱点预埋钢板（钢板下方焊接有挂钩，和混凝土结合得更紧密），在基础定型之后，在钢板上根据放样得来的准确柱点位置，和竹柱的组数焊接 40cm 长钢管（分为 5×5 阵列和 5×7 阵列），在建造时将竹柱构件套接在钢管上，这样一方面便于未来构件的替换，另一方面由于钢管被竹完全隐藏因此细节美观大方。

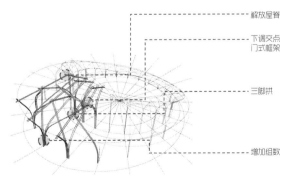

图 5-22　支撑结构的基本逻辑

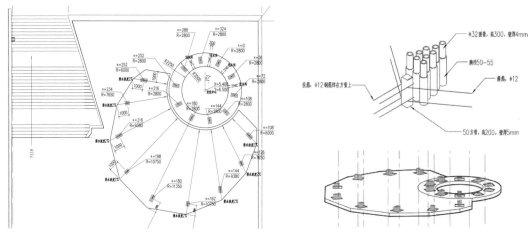

图 5-23　基础点位图（左）与改进基础做法（右）

● 屋顶系统

在弯竹柱支撑系统之上，依托柱节点设置斜梁和圈梁，在圈梁上铺设橡子，上铺竹席作为内部完成面，一方面同为主材色调肌理和谐入调，另一方面也为整个空间添加了细腻的材质感觉。竹席上铺设木板和防水卷材作为防水防潮设施，最后在屋顶面铺设竹梢作为屋顶完成面作为导雨与外观材料。

（2）设计方案表达与技术交底

方案完成之后，学生需要与甲方、工程师、竹建造师傅等不同角色对方案进行介绍与交接，因此在设计对接过程当中，使用了多种类型的方案效果与工程展示：

● 技术图纸

剖面主要用于演示屋顶高度的变化趋势以及与人互动的关系，平面用于功能的排布以及后期部品选择的辅助，轴测图则较为重要，展示了方案结构节点建造中的大部分信息，也将建筑采用的弯竹结构体系的美感很好地表达出来。

● 实体模型

由于原竹建筑施工精度较低的特点，以及此方案的结构体系过于复杂，因此在与施工方对接的过程当中很难通过口头表述和电脑模型沟通清楚。在施工方的建议下，学生上山剪了一些新鲜竹条，用类似"编

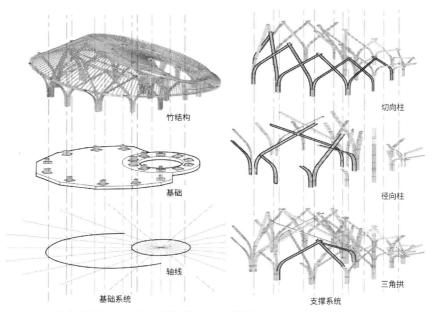

竹结构

基础

轴线

基础系统

切向柱

径向柱

三角拱

支撑系统

图 5-24 基础系统（左）与竖向支撑系统（右）拆解图

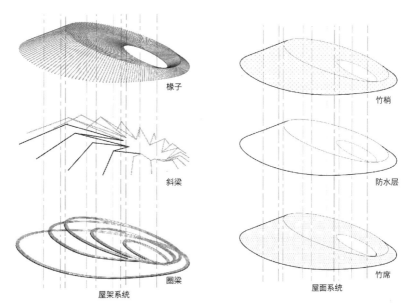

椽子

斜梁

圈梁

屋架系统

竹梢

防水层

竹席

屋面系统

图 5-25 方案屋架系统（左）与屋面覆盖系统（右）拆解图

筐"的方式制作了小比例模型，在这个模型当中，每组竹柱由几根竹子组成，不同竹束之间如何相交，节点处每根柱子之间的空间关系都被交代的直观清晰。这个小模型在与工程师对接做法以及工人现场建造的过

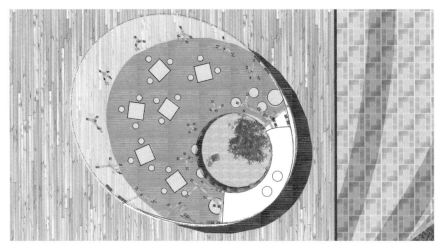

图 5-26　建筑平面图

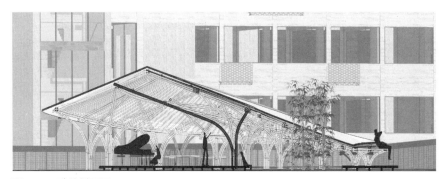

图 5-27　建筑剖面图

图 5-28　建筑室内效果图

图 5-29　青竹条制作小型结构节点示意模型　图 5-30　项目建成后茶室内风干的小模型

程当中发挥了极其重要的作用。并且，在一段时间过后，青竹条由于风干而变黄，模型的材质表达与效果更加贴近实际。

● 施工图纸

在安吉实地与施工方和材料供应方交流并去竹加工工厂参观之后，学生了解到了原竹建筑与钢筋混凝土建筑和钢构建筑、木构建筑的两个非常大的差异点，那便是受弯材料限制大和绝对加工精度低。因此我们在为施工团队提供构件加工图纸和施工点位图纸时，一方面没有给出每根竹构件曲线的具体形式，而是用 3~4 个控制点（端点和与其他构件的交点）来描述曲线，再通过工人的现场放样来确定曲线加工弯竹构件；另一方面在给建筑点位图时也采用以最少最重要的控制点来指导建造的策略，来降低建造过程中的精度要求。

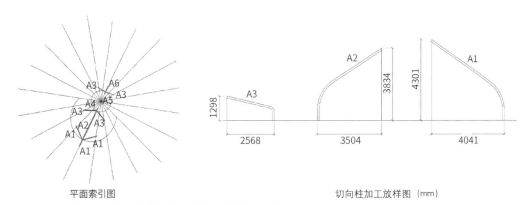

平面索引图　　　　　　　　　　　　　　切向柱加工放样图（mm）

图 5-31　A-A 平面索引图（左）与相应构件加工放样图（右）

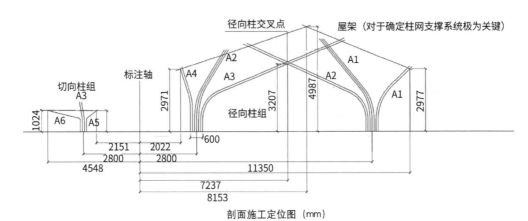

剖面施工定位图 （mm）

图 5-32　A-A 剖面施工指导图

（3）构造节点选型

竹构件之间的空间关系在此项目中主要有两种：平行或相交。

● 平行并置

平行并置指的是一组竹构件中的几根竹子沿同一轴线平行弯曲，出现在弯柱支撑系统当中，采用在每个柱点上方 30cm 处将此柱点所有竹构件全部用麻绳绑扎 15cm 宽度并收紧，并且单组竹柱束每隔 1.5m 用麻绳绑扎 10cm 宽度并收紧，在所有重要交点或端头酌情用麻绳绑扎的方式收紧竹柱束。

● 空间相交

空间相交的方式分为两种，第一种为两组构件相交，采用两组竹束错开 5cm 交叉连接后先用螺栓做刚性连接再用麻绳交叉绑扎作为柔性连接即可。而切向弯柱与相邻的切向弯柱的连接则稍为复杂，但经过现场调试还是能够做到空间交叉连接而不只是搭接，一方面增强了连接的强度，另一方面也提升了节点的美观性。

而最为复杂的则为三组竹构件相交于同一点，在这种情况下相交需要三组竹构件尽可能构成两两垂直的正交关系，可以达到节点小空间利用的最大化。

图 5-33 竹柱放样实验　　　　　　　图 5-34 现场用粗麻绳在地面放样辅助弯竹

图 5-35 两组构件相交的麻绳绑扎　　图 5-36 三组构件相交的交叉方式

5.3.4 构件加工与现场建造

（1）加工方式对原竹构件设计的调整

起初我们对于提供的竹材的尺寸没有细致的了解，设计上为了追求我们想象中施工的简便，将每根柱划分为"直—弯—直"三段，方便于流水线加工。经过和竹师傅讨论后，发现"直—弯—直"对于竹材的利用率太低，我们将每一根竹进行了调整，改为最下方区段直竹和弯竹用同一根，然后再接直竹的方式。

（2）原竹构件空间定位与建造顺序

在弯柱系统施工的过程当中，工人的操作方式是先确定构件的空间参考点，再以撑杆、气钉枪等辅助工具将构件临时固定于正确位置，并在一组构件完全就位之后是用麻绳绑扎和螺栓固定。构件的搭接逻辑和建造顺序极其重要，因此要在建造之前给出明确的逻辑顺序。

（3）细节调整

具体细节如圈梁、斜梁与柱顶点之间的交接关系值得关注，圈梁则

图 5-37　撑杆定位

图 5-38　正在内部制作圈梁的施工师傅

图 5-39　屋顶节点 1

图 5-40　屋顶节点 2（圆圈指示处为椽子的密度
　　　　变化）

也以搭接的方式置于斜梁之上。为牢固性和美观性，圈梁和斜梁采取竹构件并排紧邻的方式而不是和柱一样中间留空。

　　需要注意的点则是屋顶椽子的排布方式，由于整个方案的生成方式是以内院为中心向四周放射，在施工中我们改变椽子的角密度，这样就达成了既用椽子方向趋势指向内院、又使椽子密度大致均匀不致使指向性过于强烈的设计目的。

5.3.5　教学总结

（1）以材料为基础的形态设计

从竹材的生物化学性质出发，提炼出需要保护竹结构免受风吹雨淋，进而导出原竹建筑空间的核心：大屋顶遮蔽。

从竹材的力学性质出发，展现竹结构的力学美感，因此弯竹结构的建筑空间更加震撼人心。

从竹材的生物质特性出发，把握材料本身精度低和截面为曲线的特点进行设计，设计可以复杂，但不要过于精确。

从竹材的表面肌理色调出发，在营造空间氛围时利用竹材或温暖或沉重、或光滑细腻或粗犷斑驳的表面质感。

（2）以工法为基础的构造设计

对应竹材的延伸连接技术，在设计中可以设计较长构件但需要考虑延伸连接点处的受力分析以及外观细节处理。

对应竹材的热弯加工工法，曲线构件可以作为设计外观和空间的核心亮点打造自由有机的建筑空间，但需要注意竹材的弯曲极限限制，以及对接图纸时需要给出一定的误差余量，减少控制点的个数。

对应竹材中空筒体及其连接工艺、竹材与其他各种材料的连接交互可以在设计中进行考虑，包括特殊金属节点的设计和使用。

（3）从材料到空间："半开放的封闭空间"

由于竹本身的精神内涵以及作为建筑材料强烈的温暖近人感受，因此私密空间是原竹建筑空间的一个优质解，因此，在设计原竹建筑的过程当中，可以围绕"半开放的封闭空间"这样一个主题进行空间原型的设计。

（4）毕业设计感言（孙照人 清华大学建筑学院）

与朱宁老师合作，从 2017 年北京木构建造节、安吉竹建筑设计大赛合作直至毕业，我们已经共同完成了 5 件作品。这些项目使我在建筑学学习中形成重要的自我认同，尤其是本次项目的全过程经历，让

图 5-41　茶室外侧看茶室　　图 5-42　雨夜灯光效果

我开始明白，喜欢手工、喜欢材料、喜欢建造的我，可以在竹木建筑领域继续深入发展。特别感谢安吉竹境竹业科技有限公司，让我真正意识到建筑师和技术方施工方是彼此依靠的存在，让我学生阶段的作品能够落地。

图 5-43　建成后承接商业活动

图 5-44　夜间被照亮的竹柱

图 5-45　建成空间实景照片

后 记
面向真实建造的建筑教育

当今社会日新月异的信息技术，快速传播的网络媒体深深影响着建筑学的发展，我们不自觉地就在经历面向软件的建筑学、面向图像的建筑学、面向概念的建筑学等，人工智能、元宇宙的出现似乎又为学科提供了无限想象力，建筑学的专业学习越来越沉醉于屏幕建筑而乐此不疲。这是建筑学的未来吗？

尽管建筑学的边界不断拓展，但却无法否认建造依旧是建筑（建筑学）的核心价值，脱离建造的专业学习，不仅简化了对建筑的认知、降低了专业性，而且容易使这个专业变得肤浅、浮躁。建造过程既是物质实体凝聚连接的过程，也是文化、精神、智慧转化的过程。作为一种多维度、多系统、多感知的"人—物"交互过程，建造过程是进行学习、认知和反馈的最佳方式。虽然社会分工使得建筑师从直接建造活动中脱离，但是真实建造依然是建筑师走向成熟的必经之路。

通过真实建造学习建筑具备超越时代的现实意义，但是当前高校的建筑学教育体系中却面临种种限制。面向真实建造的教学首先对教师提出了较高的要求，需要教师具备一定的建造实践经验，熟悉材料、工具、构造、工艺等内容，能够有效引导学生进行思考和实践。有些学校甚至配备了专业工匠进行技术指导和操作示范。其次是硬件要求，学校要购置专业的加工设备、工具，如切割、打磨、钻孔、数控车床等设备，这些设备工具通常比较精密昂贵，需要有专人进行管理、监督和指导操作。此外，不仅专业设备需要占用一定的空间，建造过程也需要在室内或者室外有较大的、安全的空间场地来保障操作实践。材料、构件的购买，运输吊装通常也是花费不菲。建造教学的巨大投入使很多学校并不能负担，国内院校相比国外院校而言在这方面的硬件配置相差甚多。

建造课程在专业教学体系中的限制也会比较多。首先是材料限制，当选择单一容易加工的材料如木材、竹子、纸板，建造目标重量轻、体积小，安全风险低的时候，课程内或课程外的建造节等活动上都比较容易实现。一些由社会组织的真实建造活动通常也会选择相对单一容易加工的轻质材料开展建造活动，会利用假期在公园、乡村等区域进行建造（近几年各地组织的乡村建造活动层出不穷）。然而，一旦拓宽材料选择的类型，出现体积大重量大的材料或者构件，就需要有更加专业的施工队伍来协助和组织，时间周期长、成本投入巨大，根本无法纳入教学体系。事实上，学生无论是从身体能力还是操作技术上都不能与职业工人相比，只能参与有限的建造操作。在国内连续三届的中国国际太阳能十项全能竞赛（SDC）赛事，每一届比赛都需要持续两年的时间，对于本科生而言大多数只能作为课余活动参与，直接建造的参与度非常有限。

既然真实建造投入如此巨大，是否可以用大尺度模型来代替真实建造，降低真实建造的安全风险以及成本投入？事实上多数建筑学教育院校都选择了模型的方式。然而模型并不能代替真实建造，对质感的触摸、对重力的感受，对真实尺度氛围的感受，对材料、工艺、交接的认知等，都无法通过模型、屏幕获取到直观的经验。即使是职业建筑师也往往是通过长时间的工地驻守来获取这些经验，真实建造的过程体验无可代替，却很难在高校顺利开展。

毕业设计通常有 3~6 个月左右的时间，从学时和时间节点上看是理想的进行建造学习的时间点，但难点是毕业设计与真实建造项目的完美契合。我们不太可能设计一个完美的从设计到建造的题目或项目，要想实现面向"真实建造"的教学，就不得不反思教学的根本目的。建造教学不是为了增强学生的建造经验，而是为了拓展学生思维的维度，将抽象图纸思维，转化成实体建造思维和自觉的建造意识。因此，面向"真实建造"的教学活动并非只能指向真实具体的建造过程，而是可以转化为更具可操作性的面向"真实建造思维"的教学活动。当今建筑的构成也越来越复杂，从单一材料的建造连接走向了多系统的集成，建造元素本身也越来越多元化，建造的涵义已经拓宽，基于此我们尝试突破"材料—建造"这单一的教学模式，建立更丰富更具操作性的建造教学课程逻辑。本书即是尝试从功能导向、性能导向、工艺导向三种不同导向的真实建造来设计、组织教学过程，书中所挑选的毕业设计各有侧重特点鲜明，都取得了良好的教学效果，实现了学生通过毕业设计提升认知思维和建造意识的初衷。

面向真实建造的毕业设计是教学相长的互动过程，师生的建造意识在共同提高的同时，多维度的建造思维意识在新的实践中进一步得到拓展。在笔者参与的冬奥课题"京张高铁车站车厢空间视觉设计技术研究"中的示范项目采取了基于视觉符号导向的建造模式，使从设计到建造得到清晰的控制和实施。

虽然真实建造受到学生们热烈欢迎，但是教学面临的挑战依然艰巨，指导教师要不断自我学习，要积极思考建造教学如何紧跟时代发展、技术发展？课程建设的可持续性如何突破时间、经费、人员、课程体系、评价方式等多方面的制约？建造课程的人力物力投入远超一般课程，高投入的建造教学对于本科生的专业培养是否值得？是否能产生更多积极的社会影响？是否能形成社会高校联动的教学组织模式？这不仅需要时间来检验而且需要有更多的同仁、社会力量能够参与其中。希望本书能为当前的建造教育提供一点参考，也希望得到业内专家学者的批评指正。